前言

　　《三十六計》凝結著古代智慧與文化，全書分為勝戰計、敵戰計、攻戰計、混戰計、並戰計、敗戰計六套計謀。前三套計謀是處於優勢時使用，後三套計謀是處於劣勢時使用。這些計謀有的源於歷史典故，有的源於古代軍事術語，有的取自古詩句，有的則直接使用成語，是古代兵家的實戰經驗總結。

　　這部經典著作曾被翻譯成英文、法文、德文等多國文字，是世界文化遺產的重要部分。本書以分格漫畫的形式重新詮釋《三十六計》的智慧。

　　每條計謀分為「故事小劇場」和「三十六計事典」兩個部分，在原著的基礎上增加故事，用圖文並茂的方式讓讀者深入理解其深層含義。讀者在閱讀經典的同時，了解歷史，延展知識，提高邏輯推理和分析能力。幽默的對白更易將讀者帶入情景，在輕鬆快樂的氛圍中，汲取智慧養分。希望讀完本書，能夠讓讀者找到面對困難的勇氣和克敵制勝的能力。

　　還等什麼，趕快來開啟你的智慧之旅吧！

目錄

攻戰計

混戰計

給你一個治暈船妙方

唐太宗是中國歷史上著名的賢君，他開創了「貞觀之治」，當時北方和西北地區各族首領尊奉他為「天可汗」。

唐太宗統治時期，屬關係，定期朝拜，麗和百濟。

很多小國都與唐朝建立了附但也有不服氣的，比如高句麗和百濟。

與高句麗和百濟相鄰的新羅與唐朝十分要好。高句麗和百濟看不慣新羅，就聯合起來攻打它。

新羅不是百濟和高句麗的對手，急忙派使臣到唐朝求救。

唐ㄊㄤˊ太ㄊㄞˋ宗ㄗㄨㄥ很ㄏㄣˇ生ㄕㄥ氣ㄑㄧˋ， 馬ㄇㄚˇ上ㄕㄤˋ同ㄊㄨㄥˊ意ㄧˋ出ㄔㄨ兵ㄅㄧㄥ幫ㄅㄤ忙ㄇㄤˊ。

唐ㄊㄤˊ太ㄊㄞˋ宗ㄗㄨㄥ帶ㄉㄞˋ著ㄓㄜˋ三ㄙㄢ十ㄕˊ萬ㄨㄢˋ大ㄉㄚˋ軍ㄐㄩㄣ向ㄒㄧㄤˋ高ㄍㄠ句ㄐㄩˋ麗ㄌㄧˊ出ㄔㄨ發ㄈㄚ， 卻ㄑㄩㄝˋ被ㄅㄟˋ洶ㄒㄩㄥ湧ㄩㄥˇ的ㄉㄜ˙海ㄏㄞˇ水ㄕㄨㄟˇ攔ㄌㄢˊ住ㄓㄨˋ了ㄌㄜ˙去ㄑㄩˋ路ㄌㄨˋ。 海ㄏㄞˇ水ㄕㄨㄟˇ讓ㄖㄤˋ唐ㄊㄤˊ太ㄊㄞˋ宗ㄗㄨㄥ心ㄒㄧㄣ生ㄕㄥ恐ㄎㄨㄥˇ懼ㄐㄩˋ。

唐ㄊㄤˊ太ㄊㄞˋ宗ㄗㄨㄥ過ㄍㄨㄛˋ不ㄅㄨˋ了ㄌㄧㄠˇ海ㄏㄞˇ， 就ㄐㄧㄡˋ沒ㄇㄟˊ辦ㄅㄢˋ法ㄈㄚˇ幫ㄅㄤ新ㄒㄧㄣ羅ㄌㄨㄛˊ， 這ㄓㄜˋ可ㄎㄜˇ怎ㄗㄣˇ麼ㄇㄜ˙辦ㄅㄢˋ？ 大ㄉㄚˋ臣ㄔㄣˊ們ㄇㄣ˙聚ㄐㄩˋ在ㄗㄞˋ一ㄧˋ起ㄑㄧˇ想ㄒㄧㄤˇ辦ㄅㄢˋ法ㄈㄚˇ。

文武百官嘰嘰喳喳地討論起來，但都想不出好辦法。唐太宗問大臣張士貴，張士貴又詢問薛仁貴，薛仁貴還真的想到了一個辦法。

唐太宗帶領三十萬大軍駐紮在港口，士兵每天都要吃掉不少糧食，但他們並沒有攜帶足夠的糧食。這天，正當唐太宗愁眉不展的時候，士兵通報說：「一位富商願意提供軍糧。」

這位富商鬚髮皆白，看起來慈眉善目，唐太宗越看越順眼。富商說糧食已備好，就在海邊。唐太宗大喜，跟隨富商來到海邊。

10

富ᵘ商ˢ引ʸ領ˡ唐ᵗ太ᵗ宗ᶻ來ˡ到ᵈ海ʰ邊ᵇ，這ᵗ裡ˡ有ʸ許ˣ多ᵈ房ᶠ子ᵗ。
這ᵗ些ˣ房ᶠ子ᵗ看ᵏ起ᵗ來ˡ好ʰ像ˣ城ᶜ堡ᵇ，外ʷ面ᵐ被ᵇ彩ᶜ色ˢ的ᵈ幕ᵐ布ᵇ嚴ʸ
密ᵐ地ᵈ遮ᵗ蓋ᵍ著ᵗ。

白ᵇ鬍ʰ子ᶻ富ᵘ商ˢ將ʲ唐ᵗ太ᵗ宗ᶻ及ʲ跟ᵍ隨ˢ而ˡ來ˡ的ᵈ文ʷ武ʷ百ᵇ官ᵍ請ᵗ
到ᵈ屋ʷ內ⁿ。唐ᵗ太ᵗ宗ᶻ剛ᵍ進ʲ屋ʷ就ʲ愣ˡ住ᵗ了ᵗ，原ʸ來ˡ，富ᵘ商ˢ準ᶻ
備ᵇ了ᵗ一ˣ大ᵈ桌ᵗ豐ᶠ盛ˢ的ᵈ美ᵐ食ˢ。大ᵈ家ʲ一ˣ起ᵗ吃ᶜ起ᵗ來ˡ。

唐‍太‍宗‍和‍官‍員‍們‍都‍很‍高‍興‍，　你‍敬‍我‍一‍杯‍，　我‍敬‍你‍一‍杯‍，　氣‍氛‍十‍分‍融‍洽‍。

也‍不‍知‍過‍了‍多‍久‍，　唐‍太‍宗‍忽‍然‍聽‍到‍窗‍外‍的‍風‍聲‍越‍來‍越‍大‍，　房‍屋‍也‍搖‍晃‍起‍來‍，　感‍覺‍不‍太‍對‍勁‍。

唐‍太‍宗‍拉‍開‍窗‍簾‍一‍看‍，　四‍周‍全‍是‍海‍。　原‍來‍，　他‍們‍所‍在‍的‍屋‍子‍其‍實‍是‍一‍艘‍大‍船‍，　此‍刻‍正‍向‍高‍句‍麗‍前‍進‍。

扔掉～

請皇上恕罪！

薛仁貴，你什麼時候學會變魔術啦？

　　這時，富商一把撕掉白鬍鬚，摘掉白頭髮，唐太宗一看，這不是薛仁貴嗎。唐太宗這才明白薛仁貴的用心良苦，不僅沒有怪罪他，反而誇獎了他。

唐

唐

別打了，我們錯了！

　　薛仁貴瞞住怕海的天子，使三十萬大軍順利渡海，打敗了高句麗，樹立了大唐的國威。

36計事典

　　備周則意怠，常見則不疑。陰在陽之內，不在陽之對。太陽，太陰。
　　這一計謀稱為「瞞天過海」，是三十六計中的第一計。一些重要的祕密往往隱藏在常見或公開的事物中，不易引起懷疑。

聲東擊西的戰術運用

戰國時期，孫臏到魏國投靠老同學龐涓。誰知道龐涓因嫉妒孫臏的才華而陷害他。斷了雙足的孫臏命運又將如何呢？

戰ㄓㄢˋ國ㄍㄨㄛˊ時ㄕˊ期ㄑㄧˊ，趙ㄓㄠˋ國ㄍㄨㄛˊ攻ㄍㄨㄥ打ㄉㄚˇ衛ㄨㄟˋ國ㄍㄨㄛˊ，而ㄦˊ衛ㄨㄟˋ國ㄍㄨㄛˊ是ㄕˋ魏ㄨㄟˋ國ㄍㄨㄛˊ的ㄉㄜ˙盟ㄇㄥˊ友ㄧㄡˇ。這ㄓㄜˋ讓ㄖㄤˋ魏ㄨㄟˋ惠ㄏㄨㄟˋ王ㄨㄤˊ很ㄏㄣˇ不ㄅㄨˋ高ㄍㄠ興ㄒㄧㄥˋ，想ㄒㄧㄤˇ要ㄧㄠˋ救ㄐㄧㄡˋ衛ㄨㄟˋ國ㄍㄨㄛˊ。魏ㄨㄟˋ國ㄍㄨㄛˊ大ㄉㄚˋ將ㄐㄧㄤˋ龐ㄆㄤˊ涓ㄐㄩㄢ提ㄊㄧˊ議ㄧˋ直ㄓˊ接ㄐㄧㄝ攻ㄍㄨㄥ打ㄉㄚˇ趙ㄓㄠˋ國ㄍㄨㄛˊ。

魏ㄨㄟˋ惠ㄏㄨㄟˋ王ㄨㄤˊ調ㄉㄧㄠˋ撥ㄅㄛ五ㄨˇ百ㄅㄞˇ輛ㄌㄧㄤˋ戰ㄓㄢˋ車ㄔㄜ，派ㄆㄞˋ龐ㄆㄤˊ涓ㄐㄩㄢ率ㄕㄨㄞˋ大ㄉㄚˋ軍ㄐㄩㄣ攻ㄍㄨㄥ打ㄉㄚˇ趙ㄓㄠˋ國ㄍㄨㄛˊ。雖ㄙㄨㄟ然ㄖㄢˊ趙ㄓㄠˋ國ㄍㄨㄛˊ軍ㄐㄩㄣ民ㄇㄧㄣˊ同ㄊㄨㄥˊ仇ㄔㄡˊ敵ㄉㄧˊ愾ㄎㄞˋ，但ㄉㄢˋ終ㄓㄨㄥ究ㄐㄧㄡˋ敵ㄉㄧˊ不ㄅㄨˊ過ㄍㄨㄛˋ實ㄕˊ力ㄌㄧˋ強ㄑㄧㄤˊ大ㄉㄚˋ的ㄉㄜ˙魏ㄨㄟˋ國ㄍㄨㄛˊ。一ㄧ年ㄋㄧㄢˊ後ㄏㄡˋ，魏ㄨㄟˋ軍ㄐㄩㄣ包ㄅㄠ圍ㄨㄟˊ了ㄌㄜ˙趙ㄓㄠˋ國ㄍㄨㄛˊ的ㄉㄜ˙都ㄉㄨ城ㄔㄥˊ邯ㄏㄢˊ鄲ㄉㄢ。趙ㄓㄠˋ國ㄍㄨㄛˊ不ㄅㄨˋ得ㄉㄜˊ已ㄧˇ，只ㄓˇ好ㄏㄠˇ向ㄒㄧㄤˋ齊ㄑㄧˊ國ㄍㄨㄛˊ求ㄑㄧㄡˊ助ㄓㄨˋ。

　　齊威王接到求救信後，召集大臣們商議辦法。最後，齊威王任命田忌為主將，孫臏為軍師，領兵支援趙國。

　　田忌的想法是直接去趙都邯鄲，與趙軍共同夾擊魏軍。孫臏則認為此時圍攻魏國都城大梁會更有效率。

情況正如孫臏所料，龐涓帶走了魏國的精兵強將，僅剩老弱殘兵守城。孫臏命令將士占據魏國的交通要道，攻擊軍備空虛的地方。魏惠王見狀十分著急，命令龐涓火速回國支援。

龐涓領兵火速回援魏國，半路上被做好準備的齊軍打得人仰馬翻。龐涓倉皇而逃。經過這場戰役，魏國損失慘重。孫臏打了漂亮的反擊戰。

36計事典

共敵不如分敵，敵陽不如敵陰。

這一計謀稱為「圍魏救趙」。如遇實力強大的敵人，應避免與其正面對戰。採取迂迴戰術分散敵人兵力，抓住其弱點發動進攻更加有效。

03 借刀殺人

離間計讓對手自毀長城

明末時期，後金汗王努爾哈赤在攻打明朝時被明將袁崇煥打敗，並身負重傷。隨後，努爾哈赤病亡。他的兒子皇太極即位，但想要打敗大明，仍然要面對袁崇煥……

皇太極即後金汗位後，開始發兵攻打明朝。他聯合蒙古，避開袁崇煥，想從喜峰口入關直接攻打明朝的都城。

袁崇煥探聽到皇太極的計畫後，日夜兼程，奔向京師——他要獲得先機。

袁崇煥比皇太極早到了京師，為明軍贏得了準備時間。後金軍來到後，很快被明軍打得四分五裂。袁崇煥贏了努爾哈赤父子二人呀。

拿錢辦事！

那個人會不會要謀反？這個人會不會覬覦我的皇位？

有主意了！

　　皇太極深知明朝有袁崇煥在，他的霸業難以實現。此時明朝官場腐敗，民怨沸騰。明朝崇禎皇帝又是個多疑的人。皇太極想到了一個好辦法！

照我說的做！

好喔，好喔！

　　皇太極用大量財寶賄賂崇禎身邊的宦官，讓宦官向崇禎告密，說袁崇煥早已投降了後金軍，所以後金軍才能進入明朝腹地。

皇上，袁崇煥故意把後金軍放進來，他是叛徒！

有這件事？

明

　　宦官拿了錢財，笑顏逐開地誣陷袁崇煥。只顧眼前的利益，但沒有袁崇煥，千瘡百孔的明朝如何對抗金軍？

18

崇禎皇帝受到宦官挑唆，直接把袁崇煥關入監獄，誰來說情也沒有用。之後，他下令處死了袁崇煥。

崇禎皇帝誅殺良將，做了「親者痛、仇者快」的事。皇太極帶領的後金軍勢如破竹，為入主中原奠定了基礎。

敵已明，友未定，引友殺敵，不自出力，以《損》推演。

這一計謀稱為「借刀殺人」。簡而言之，就是借他人之力對付敵人，自己坐山觀虎鬥，坐收漁翁之利。這一計謀的關鍵在於挑起或激化雙方的矛盾。

拖延的妙用

東漢末年，孫權集團與劉備集團關係破裂，吳將呂蒙占領了荊州，殺死了蜀將關羽。劉備為替關羽報仇，向吳國發動了戰爭。

> 我們的軍旗把太陽都遮住了！

> 蜀軍的營地好亮！

蜀軍來勢洶洶，占領了吳地七百里的土地。劉備命蜀軍沿途駐紮了四十多個營寨。蜀軍人多，白天他們的旗幟能遮住日光，晚上他們營地的篝火能把黑夜照亮。

> 誰也不許出戰！

> 哼！百無一用是書生！

> 讓我和蜀軍打一場吧！

> 將軍膽小怕事！

蜀軍聲勢浩大，不把吳軍放在眼裡。吳將個個摩拳擦掌，但主將陸遜嚴令禁止出戰。吳軍都認為，書生出身的陸遜膽小怕事，不配當將軍。

陸遜只當沒聽到軍中的竊竊私語，繼續按兵不動。原來，他在等待成熟的作戰時機。半年過去了，此時，遠離故土的蜀軍身心俱疲，正是進攻的好時機。

一天夜裡，陸遜命將士們每人帶一束茅草和火種，埋伏在蜀營附近。夜半三更，幾萬名吳軍突襲蜀營，他們點燃了茅草，四十多個蜀軍大營頓時火光一片，大火綿延蜀營七百里。

> 我不行了，蜀國的統一大業和我的兒子劉禪就拜託你啦！

> 鞠躬盡瘁，死而後已！

> 父王，你不能扔下我呀！

　　吳軍氣勢如虹，蜀軍死傷慘重，劉備只好帶著殘兵逃走。他們逃呀逃，終於逃到了白帝城。年老的劉備經歷這場戰役後，已經奄奄一息，他將蜀國大業和兒子劉禪託付給了丞相諸葛亮。

吳國

魏國

蜀國

　　這場戰役大大削弱了蜀國的勢力，對三國鼎立的時局具有重大的影響。

36計事典

困敵之勢，不以戰；損剛益柔。

這個計謀叫作「以逸待勞」。迫使敵人處於困難的局面，不一定要直接進攻，可以待敵人的士氣銷磨殆盡之時，再趁機出兵取勝。

時局越亂，機會越多

東漢末年，天下大亂，皇帝淪為傀儡，擁兵自重的豪強紛紛崛起，互相搶奪地盤。袁紹趁亂起事，他如何在亂局中發展壯大呢？

「三公」是官名合稱，周代已有此稱，為古代最高輔政大臣。三國時期的三公是司徒、司空和太尉。

司徒

司空

太尉

司空

司徒

袁紹是汝南袁氏的後代，出身名門。家族中曾有四代人位列三公，被稱為「四世三公」。

元帥，我們的糧食只夠明天一頓了。

哦，等明天送，今天士兵都在忙！

我又來借糧了。

好吧。

當時，袁紹帶兵駐紮在河內。手下人不少，但一直依靠附近的冀州牧韓馥接濟，糧草供給不足的問題始終無法解決。

　　袁紹想奪取冀州，但他的實力不如韓馥。謀士逢紀向他獻計，要袁紹暗中慫恿幽州的公孫瓚攻打冀州。

　　袁紹寫信給公孫瓚，大意是可以幫助公孫瓚併吞冀州。公孫瓚也早有此意，與袁紹一拍即合。很快就做好了攻打冀州的軍事部署。

　　韓馥得知公孫瓚大軍壓境，一時間嚇得六神無主，立即請袁紹來幫忙。就這樣，袁紹帶著自己的人馬光明正大地進入了冀州。

你來守東門，你來守西門。

你們看廁所！

那我們要做什麼？

哎呀，我上當了，冀州變成袁紹的了！

袁紹藉著幫忙的名義，用自己的人取代了冀州的要職，並處死了反對他的幾名冀州大將，牢牢掌握了冀州的實權。韓馥只被封了個閒職，直到此時才知上當了。

你也太不守信啦！

我也只是幫忙維持一下秩序呀！

——擺手

衝呀！

衝呀！

袁紹獨吞冀州讓公孫瓚十分不滿。於是，兩人開始頻繁對戰。最後，公孫瓚戰敗自殺，袁紹趁幽州無主的混亂時期，占據了幽州。從此，他以此二州為根據地，逐漸發展為一方的豪強。

36計事典

敵之害大，就勢取利，剛決柔也。

這一計謀稱為「趁火打劫」。此計用在軍事上，指當敵人處於困難或危機時，趁勢出兵奪取勝利。

兵不厭詐，這是戰爭！

東漢明帝派班超出使西域，意在聯合西域各國對抗北方的匈奴。出使路上班超一行遭遇重重困難，多虧班超的機智和果敢，才一次次化解了危機。

東ㄉㄨㄥ漢ㄏㄢˋ時ㄕˊ期ㄑㄧˊ的ㄉㄜ˙班ㄅㄢ超ㄔㄠ一ㄧˋ直ㄓˊ以ㄧˇ西ㄒㄧ漢ㄏㄢˋ的ㄉㄜ˙張ㄓㄤ騫ㄑㄧㄢ為ㄨㄟˊ榜ㄅㄤˇ樣ㄧㄤˋ，他ㄊㄚ奉ㄈㄥˋ命ㄇㄧㄥˋ出ㄔㄨ使ㄕˇ西ㄒㄧ域ㄩˋ，很ㄏㄣˇ快ㄎㄨㄞˋ便ㄅㄧㄢˋ與ㄩˇ部ㄅㄨˋ善ㄕㄢˋ和ㄏㄢˊ于ㄩˊ闐ㄊㄧㄢˊ兩ㄌㄧㄤˇ國ㄍㄨㄛˊ建ㄐㄧㄢˋ立ㄌㄧˋ了ㄌㄜ˙友ㄧㄡˇ好ㄏㄠˇ關ㄍㄨㄢ係ㄒㄧˋ。不ㄅㄨˊ過ㄍㄨㄛˋ，他ㄊㄚ也ㄧㄝˇ遇ㄩˋ到ㄉㄠˋ了ㄌㄜ˙不ㄅㄨˋ與ㄩˇ東ㄉㄨㄥ漢ㄏㄢˋ建ㄐㄧㄢˋ交ㄐㄧㄠ、投ㄊㄡˊ靠ㄎㄠˋ匈ㄒㄩㄥ奴ㄋㄨˊ的ㄉㄜ˙莎ㄙㄨㄛ車ㄔㄜ國ㄍㄨㄛˊ。

班ㄅㄢ超ㄔㄠ得ㄉㄜˊ知ㄓ莎ㄙㄨㄛ車ㄔㄜ國ㄍㄨㄛˊ投ㄊㄡˊ靠ㄎㄠˋ匈ㄒㄩㄥ奴ㄋㄨˊ後ㄏㄡˋ，決ㄐㄩㄝˊ定ㄉㄧㄥˋ出ㄔㄨ兵ㄅㄧㄥ討ㄊㄠˇ伐ㄈㄚˊ莎ㄙㄨㄛ車ㄔㄜ國ㄍㄨㄛˊ。莎ㄙㄨㄛ車ㄔㄜ國ㄍㄨㄛˊ的ㄉㄜ˙軍ㄐㄩㄣ隊ㄉㄨㄟˋ不ㄅㄨˊ是ㄕˋ漢ㄏㄢˋ軍ㄐㄩㄣ的ㄉㄜ˙對ㄉㄨㄟˋ手ㄕㄡˇ，不ㄅㄨˋ少ㄕㄠˇ士ㄕˋ兵ㄅㄧㄥ都ㄉㄡ被ㄅㄟˋ俘ㄈㄨˊ虜ㄌㄨˇ了ㄌㄜ˙。

莎ㄙㄨㄛ車ㄔㄜ國ㄍㄨㄛˊ王ㄨㄤˊ看ㄎㄢˋ到ㄉㄠˋ班ㄅㄢ超ㄔㄠ和ㄏㄢˊ漢ㄏㄢˋ軍ㄐㄩㄣ這ㄓㄜˋ麼ㄇㄜ˙屬ㄕㄨˇ害ㄏㄞˋ，便ㄅㄧㄢˋ向ㄒㄧㄤˋ龜ㄑㄧㄡ茲ㄘˊ國ㄍㄨㄛˊ求ㄑㄧㄡˊ救ㄐㄧㄡˋ。龜ㄑㄧㄡ茲ㄘˊ國ㄍㄨㄛˊ的ㄉㄜ˙國ㄍㄨㄛˊ王ㄨㄤˊ親ㄑㄧㄣ率ㄌㄩˋ五ㄨˇ萬ㄨㄢˋ大ㄉㄚˋ軍ㄐㄩㄣ前ㄑㄧㄢˊ來ㄌㄞˊ支ㄓ援ㄩㄢˋ。

兩萬五千人對五萬人，兵力懸殊很難取勝。怎麼辦？怎麼贏？有了！

聽說龜茲軍隊前來增援，班超心中盤算起來。此時他的兵馬只有龜茲軍的一半分，硬碰硬肯定勝不了，只能靠計謀取勝。

龜茲軍隊要來了，兵分兩路向東西兩個方向逃吧。

漢軍撐不住了。

快點趁亂逃跑吧！

國王，他們兵分兩路逃跑啦！

接連幾天，班超故意在莎車國的俘虜面前與將士們吵架，俘虜們以為漢軍內部矛盾很深。班超故意透露作戰計畫，還假裝慌亂出逃的樣子放走了莎車國的俘虜。俘虜們連忙向龜茲國王報信。

大家快追！

都追了幾天了，怎麼一個漢軍也沒有？

是呀，人呢？

龜茲國王聽說，命令軍隊分兩路追趕漢軍。他們馬不停蹄地追趕，連續跑了好幾天，卻沒發現任何漢軍。這是怎麼回事呢？

原來，班超他們只走了十里路就躲了起來。見龜茲軍已經走遠後，班超立即整合軍隊，並與同樣躲起來的東路軍隊會合，向莎車國發起了進攻。

莎車國王抵擋不住漢軍的進攻，只得投降。直到莎車國戰敗的消息傳來，龜茲國王才知道自己上當了，但也只能帶著士兵垂頭喪氣地回國了。

36計事典

敵志亂萃，不虞，坤下兌上之象，利其不自主而取之。

這一計謀稱為「聲東擊西」。當敵人處於驚惶失措或委靡不振的狀態時，往往無法應付突如其來的進攻。用迷惑敵人的方式，攻其不備，往往能取得戰爭的勝利。

敵戰計

草人借箭，有借無還

唐玄宗時期，節度使安祿山和史思明聯合反叛唐朝，不少州縣官員紛紛倒戈。張巡帶領將士們奮力抵抗，成功地守衛了城池，保護了百姓。

張巡是個好官！

身為大唐官員，怎麼能投降叛軍呢？

大人，我們支持你！

張巡年少時勤奮學習，後來當了真源縣縣令。為官清廉，深得民心。安史之亂後，不少縣令或臨陣脫逃或投降叛軍，張巡卻固守雍丘。

將士們，衝呀！

拚了！

快射箭，別讓叛軍靠近！

箭來了，撤！

叛軍兵臨城下，張巡帶領士兵抵抗。他身先士卒，衝在最前面。唐軍深受鼓舞，拚死抵抗。為了避免短兵相接，張巡命士兵射箭退敵。

大人，已經沒有箭了！

有了！從今天起，你們就紮稻草人吧，越多越好！

兩個多月後，唐軍的箭射光了。若此時叛軍進攻，寡不敵眾的唐軍必敗。如何才能得到夠多的箭呢？張巡冥思苦想，終於有了主意。他命令士兵紮了很多稻草人，並幫稻草人穿上夜行衣。

夜深人静之時，張巡命人把稻草人從城牆上吊下去。遠處，巡夜的叛軍誤以為唐軍要來偷襲，但又不敢貿然進攻，便下令放箭。

整整一夜，叛軍都在射箭。直到天色微亮，他們才看清楚對面原來是稻草人。張巡命士兵拉回了滿身是箭的稻草人，並整理了箭枝。

張巡命令士兵一連幾天都放下稻草人。三番兩次見到稻草人，叛軍已放鬆戒備。幾天後，巡邏的叛軍再次發現唐軍吊下「稻草人」。叛軍將領認為張巡又來騙箭了，便毫不理會。不過，這次不是稻草人，而是扮成稻草人的唐軍。

啊，稻草人「活」啦？

衝啊！

四處都是唐軍，快逃呀！

張巡率領五百名勇士在夜色的掩護下逐漸靠近敵營。叛軍毫無防備，被打得四處逃竄。叛軍一時大亂，根本不聽指揮，只顧逃跑。

叛軍將領眼看士兵們失控，只能跟著一起逃跑了。他們跑了很遠，見唐軍沒有追上來，總算鬆了一口氣。張巡靠謀略成功地守住了雍丘城。

36計事典

誑也，非誑也，實其所誑也。少陰、太陰、太陽。

這一計謀稱為「無中生有」。在戰爭中使用假象，讓對方信以為真，但並非全部為假，而是讓對方把真相當成假象，最終迷惑對手，獲得勝利。

大張旗鼓卻是假象

秦朝滅亡以後，實力強大的項羽自封為西楚霸王。他封劉邦為漢王，把巴郡、蜀郡和漢中地區賜給了他，其真實目的是困住劉邦。劉邦能夠走出困境嗎？

被封漢王後，劉邦率領大軍趕往封地。通過棧道後，他依張良之計，將棧道燒毀。這樣就無法從大路離開漢中了，得到消息的項羽果然放鬆了警戒。

劉邦為後續發展爭取了足夠的時間。他暗中招兵買馬，操練士兵，發展農業。丞相蕭何向劉邦推薦了韓信。他的加入更讓劉邦信心大增。

幾年後，劉邦認為時機已經成熟，開始部署東征事宜。韓信接到命令後，先著手修復被燒毀的棧道。與以往不同的是，這一次他大張旗鼓，非常高調。

不少藩王背地裡嘲笑劉邦，覺得他簡直是自找麻煩。當初如果沒有燒了棧道，現在何必勞民傷財修路呢！

項羽的大將章邯得知漢軍在修建棧道後，為防止漢軍從棧道進攻，便命令士兵封鎖棧道出口，並派人暗中監視漢軍修復棧道的進度。

章ﾟ邯ｱ不ﾒ知ﾟ道ｶ， 韓ｱ信ﾌ大ﾒ張ﾟ旗ｱ鼓ﾒ地ｶ修ﾌ建ﾓ棧ﾟ道ｶ， 就ﾑ是ｱ要ﾑ吸ﾌ引ﾌ他ﾒ的ﾟ注ﾒ意ﾑ。 他ﾒ料ﾑ定ﾑ章ﾟ邯ｱ會ﾒ調ｱ集ﾑ大ﾒ批ﾑ人ﾑ馬ﾟ前ｱ往ﾓ棧ﾟ道ｶ出ﾒ口ﾒ， 便ﾑ率ﾒ領ﾟ士ﾒ兵ﾌ神ｱ不ﾒ知ﾌ鬼ﾒ不ﾒ覺ﾒ地ｶ來ﾟ到ｶ了ﾟ章ﾟ邯ｱ的ﾟ另ﾒ一ﾌ處ﾒ駐ﾒ紮ﾒ地ｶ點ﾟ——陳ﾟ倉ﾒ。 韓ｱ信ﾌ很ﾟ快ﾒ占ﾒ領ﾟ了ﾟ陳ﾟ倉ﾒ。

　　隨ﾒ後ﾒ， 韓ｱ信ﾌ又ﾒ率ﾒ兵ﾌ進ﾒ攻ﾒ章ﾟ邯ｱ的ﾟ後ﾒ方ﾌ。

　　直ﾒ到ｶ這ﾒ時ｱ， 章ﾟ邯ｱ才ﾟ明ﾟ白ﾟ自ﾒ己ﾒ中ﾒ了ﾟ韓ｱ信ﾌ的ﾟ計ﾒ。 章ﾟ邯ｱ戰ﾒ敗ﾒ。 韓ｱ信ﾌ乘ﾟ勝ﾒ追ﾒ擊ﾌ， 占ﾒ領ﾟ了ﾟ項ﾒ羽ﾟ控ﾒ制ﾒ的ﾟ大ﾒ片ﾒ土ﾒ地ｶ。

　　示之以動，利其靜而有主，「《益動》而巽」。
　　這一計謀稱為「暗度陳倉」，指故意暴露行動，利用敵人固守之時，暗地裡展開真實的行動，達到出奇制勝的目的。

坐看兄弟鬩牆

東漢末年，袁紹掌控了河北地區。他死後，曹操想趁亂奪權，卻被謀士郭嘉阻攔。郭嘉有什麼好計謀呢？

> 袁家群龍無首，我要立即出兵！

> 且慢！先讓他們窩裡鬥吧！

> 明明是我更有才華！

> 爸爸太偏心啦！

　　袁紹死後，曹操想趁亂出兵，卻被謀士郭嘉攔了下來。據郭嘉所知，袁紹廢除長子袁譚、立三子袁尚為繼承人，勢必引起袁譚的不滿。

> 老曹，弟弟打我，你幫我報仇！

> 好喔！馬上就去！

> 打不過曹操啊，我要去找二哥！

> 兄弟之間怎麼能自相殘殺呢？

> 撥一

　　事實正如郭嘉所料，袁氏兄弟果然打了起來。袁譚不敵，逃到曹營求助。曹操趁機出兵，打敗了袁尚，讓他不得不逃到二哥袁熙所在的幽州。

> 嗚嗚，無家可歸啦！

> 你連奪兩城，是不是有我的功勞？

> 哼！

> 拉下去斬了！

> 嗚嗚，我好後悔！

　　曹操繼續進攻，成功取得了幽州。袁尚、袁熙兩兄弟只好棄城而逃，投奔遼東的公孫康。袁譚與虎謀皮，最後被曹操所殺。

這次，曹操並沒有乘勝追擊，而是直接打道回府。曹操料定，如果此時進攻，公孫康和袁氏兄弟一定會聯合抵抗。如果不進攻，心懷鬼胎的兩夥人很有可能發生內訌。

事實上，公孫康雖然留下了袁氏兄弟，但並不信任他們。他十分擔心養虎為患，被袁氏兄弟取代，便做了兩手準備。如果曹操進攻，便聯合袁軍出兵迎戰。如果曹操撤軍，就殺了袁氏兄弟，以絕後患。

我家將軍要
見二位。

馬上就來！

嗚嗚，又被
算計了！

來人呀，抓住他們！

公孫康見曹操沒有打過來，便設計殺死了袁氏兄弟。為了向曹操示好，公孫康還將袁氏兄弟的首級送到了曹營。

哈哈，勝利！

曹

鼓掌

老曹，我看好你喲！

曹操利用對手的利益衝突，不費一兵一卒，輕鬆打贏了袁氏兄弟，還得到公孫康的支持。

陽乖序亂，陰以待逆。暴戾恣睢，其勢自斃。順以動豫，豫順以動。

這一計謀稱為「隔岸觀火」。作戰時，要善於利用敵人的內部矛盾，靜待敵方局勢惡化。

屆時，敵人內部自相殘殺，自取滅亡。我方見機行事，定能取勝。

知人知面不知心

戰國時期，公孫鞅變法效果顯著，秦國日漸強大，開始對外擴張。公孫鞅帶兵出征魏國時遇到的對手是昔日好友公子卬，他能取得勝利嗎？

公孫鞅要進攻魏國的吳城。吳城守衛森嚴，貿然攻城勝算極低。公孫鞅聽說吳城的守將正是昔日好友公子卬，頓時計上心來。

公孫鞅寫了一封信給公子卬，邀請公子卬商量和談事宜。公孫鞅還命秦軍前鋒撤回。公子卬被公孫鞅的「誠意」打動，答應了和談的請求。

很快，公孫鞅就收到公子卬的回信，約定了會談時間。和談當天，只帶幾個隨從赴約。狀，心裡非常高興。公孫鞅提前命人設下埋伏，帶了三百名隨從的公子卬見

公孫鞅對公子卬說盡了好話，從昔日的友情講到了如今的成功。公子卬被誇得心花怒放。和談之後，公孫鞅設宴款待公子卬。

公子卬還沒坐穩，只聽公孫鞅一聲令下，廳堂的四周突然出現了大批秦軍，將公子卬等人團團圍住。公子卬莫名其妙被抓，臉上再也不見了笑容。

公孫鞅利用俘虜的魏國隨從，順利攻破公子卬的軍隊。魏國士兵毫無防備，被輕鬆打敗。

公孫鞅所向披靡，很快占領了吳城。魏王沒有辦法，只好向公孫鞅割地求和。

公孫鞅表面示好、暗地下手的計謀使他大獲全勝。秦王非常高興，把商於之地的十五邑賜給了他，並稱他為「商君」，後人也稱公孫鞅為「商鞅」。

36計事典

信而安之，陰以圖之，備而後動，勿使有變。剛中柔外也。

這一計謀稱為「笑裡藏刀」。意思是要想方設法使敵方相信我方是善意友好的，從而放鬆戒備。我方則暗中策畫，在敵方毫無察覺時採取行動，進而取得成功。

三戰兩勝的必勝心法

齊國大將軍田忌很喜歡賽馬卻總是輸，因此常常悶悶不樂。孫臏幫助田忌找到了賽馬獲勝的好辦法，到底他使用了什麼計謀呢？

齊國的大將軍田忌很喜歡和齊威王賽馬，他們都養了上、中、下三等馬，但田忌的馬比不上齊威王的馬，因此每次比賽田忌都輸。當時的賽制是三局兩勝，田忌常常一局都勝不了。

這天，田忌帶著孫臏一起去賽馬。孫臏觀察了幾局後，認為可以透過策略扭轉局勢。

孫ㄥㄢ臏ㄅㄧㄣ的ㄉㄜ方ㄈㄤ法ㄈㄚ是ㄕ調ㄊㄧㄠ整ㄓㄥ田ㄊㄧㄢ忌ㄐㄧ的ㄉㄜ馬ㄇㄚ出ㄔㄨ場ㄔㄤ的ㄉㄜ順ㄕㄨㄣ序ㄒㄩ，用ㄩㄥ上ㄕㄤ等ㄉㄥ馬ㄇㄚ對ㄉㄨㄟ戰ㄓㄢ齊ㄑㄧ威ㄨㄟ王ㄨㄤ的ㄉㄜ中ㄓㄨㄥ等ㄉㄥ馬ㄇㄚ，用ㄩㄥ中ㄓㄨㄥ等ㄉㄥ馬ㄇㄚ對ㄉㄨㄟ戰ㄓㄢ齊ㄑㄧ威ㄨㄟ王ㄨㄤ的ㄉㄜ下ㄒㄧㄚ等ㄉㄥ馬ㄇㄚ，用ㄩㄥ下ㄒㄧㄚ等ㄉㄥ馬ㄇㄚ對ㄉㄨㄟ戰ㄓㄢ齊ㄑㄧ威ㄨㄟ王ㄨㄤ的ㄉㄜ上ㄕㄤ等ㄉㄥ馬ㄇㄚ。

田ㄊㄧㄢ忌ㄐㄧ與ㄩ齊ㄑㄧ威ㄨㄟ王ㄨㄤ約ㄩㄝ定ㄉㄧㄥ再ㄗㄞ賽ㄙㄞ一ㄧ局ㄐㄩ。第ㄉㄧ一ㄧ場ㄔㄤ比ㄅㄧ賽ㄙㄞ，齊ㄑㄧ威ㄨㄟ王ㄨㄤ派ㄆㄞ出ㄔㄨ上ㄕㄤ等ㄉㄥ馬ㄇㄚ，田ㄊㄧㄢ忌ㄐㄧ派ㄆㄞ出ㄔㄨ下ㄒㄧㄚ等ㄉㄥ馬ㄇㄚ出ㄔㄨ戰ㄓㄢ。結ㄐㄧㄝ果ㄍㄨㄛ可ㄎㄜ想ㄒㄧㄤ而ㄦ知ㄓ，田ㄊㄧㄢ忌ㄐㄧ的ㄉㄜ馬ㄇㄚ被ㄅㄟ遠ㄩㄢ遠ㄩㄢ地ㄉㄜ甩ㄕㄨㄞ在ㄗㄞ後ㄏㄡ面ㄇㄧㄢ。

第二場比賽，齊威王派中等馬出戰，田忌用上等馬對戰。這次比賽，田忌的馬竟然贏了。齊威王雖然驚訝，但也只能解釋為田忌的運氣好。

第三場比賽，齊威王派下等馬出戰，田忌用中等馬對戰。田忌的馬贏了。最後，田忌以兩勝一敗的戰績贏得了勝利。齊威王驚得目瞪口呆，忙問田忌的寶馬從何而來。田忌微笑著將孫臏的計謀告訴了齊威王。從此，齊威王和田忌對孫臏更加倚重。

36計事典

勢必有損，損陰以益陽。

這一計謀稱為「李代桃僵」。敵我雙方各有優勢，勝負即是長短較量。

用我方的優勢對戰敵方的劣勢，才能夠取得勝利。

都是「順便」啦

戰國時期，趙國被魏國圍攻後，向齊國求助的同時，也向楚國求助了。齊國「圍魏救趙」，楚國該怎麼做的呢？

楚王救命啊！

大家說說要怎麼辦？

讓他們兩國打吧，和我們沒關係！

趙國被魏國圍攻，趙王派使者向楚國求救。楚王召開了會議，大部分臣子都建議楚王按兵不動，坐等趙魏兩敗俱傷。

只要派出一個小分隊，我們就可以得到不少好處。

一是彰顯楚國樂於助人的名聲。

二是不影響楚國。

三是能獲得情報。

按讚！

大臣景舍提出了不同的觀點。他建議楚王派少量的兵力，一來證明楚國的確幫助了趙國；二來對楚國的兵力沒有太大影響；三來近處觀戰也可以獲知戰情，趁機獲得好處。

　　大家都認為景舍說得很有道理，楚王便採納了景舍的意見，命他帶領一批人馬支援趙國。

　　聽說楚國出兵了，趙軍更努力抵抗魏軍。但景舍只下令楚軍駐紮在楚趙兩國的邊界遠遠觀望，根本不打算參戰。

　　就在趙國即將被攻破之際，魏軍竟然撤兵了。
　　原來，齊國的大將田忌和軍師孫臏帶領齊軍圍攻魏國，魏國大將龐涓接到緊急命令，不得已撤軍，於是趙國得救了。

　　景舍有些不甘心。他想，既然出兵了就不能空
手而歸。於是，景舍趁趙國一片狼藉之際，占領
了趙國的大片土地。趙王雖然痛恨楚國，卻也無
計可施。

　　楚國不僅沒出力，反而搶奪了趙國的土地。景
舍不費吹灰之力便「順手牽羊」，擴張了楚國的
領地。事後，楚王重賞了景舍。

36計事典

　　微隙在所必乘，微利在所必得。少陰，少陽。
　　這一計謀稱為「順手牽羊」。雙方交戰時，要看準敵方在行動中出現的
漏洞，抓住其薄弱點，乘虛而入獲取勝利。

攻戰計

偷雞不著蝕把米

春秋時期，秦穆公很想得到一塊肥沃的土地，便選擇攻打實力弱小的鄭國，結果不僅沒占到便宜，還被打了一頓。

春秋時期，鄭文公過世，鄭國有人向秦國出賣鄭國。他說：「我守著鄭國都城的城門，你們可以趁機偷襲鄭國。」

為此，秦穆公召開了朝會與群臣商議，大部分大臣都支持攻打鄭國，只有蹇書和百里奚認為鄭國與秦國相距太遠，秦軍長途跋涉，並無勝算。

秦穆公一心想得到鄭國那片肥沃的土地，便不顧蹇書等的勸阻，執意出兵。就這樣，以將軍孟明視為首的秦軍浩浩蕩蕩地出發了。

要ⅰ想ⅹ抵ⅹ達ⅹ鄭ⅹ國ⅹ，秦ⅹ軍ⅹ須ⅰ途ⅹ經ⅹ滑ⅹ國ⅹ。路ⅹ上ⅹ，牽ⅹ著ⅰ牛ⅹ到ⅹ周ⅹ國ⅹ做ⅹ生ⅹ意ⅰ的ⅹ鄭ⅹ國ⅹ商ⅹ人ⅹ弦ⅰ高ⅹ偶ⅹ遇ⅹ秦ⅹ軍ⅹ。弦ⅰ高ⅹ覺ⅹ得ⅹ奇ⅰ怪ⅹ，便ⅹ暗ⅹ中ⅹ跟ⅰ著ⅰ秦ⅹ軍ⅹ打ⅹ探ⅹ消ⅰ息ⅰ。當ⅹ他ⅹ得ⅹ知ⅹ秦ⅹ軍ⅹ要ⅰ攻ⅹ打ⅹ鄭ⅹ國ⅹ時ⅰ，心ⅰ裡ⅹ非ⅰ常ⅹ著ⅰ急ⅰ。

弦ⅰ高ⅹ急ⅰ中ⅹ生ⅰ智ⅹ，冒ⅹ充ⅹ鄭ⅹ國ⅹ使ⅹ者ⅹ獻ⅹ禮ⅹ給ⅹ秦ⅹ軍ⅹ。孟ⅰ明ⅰ視ⅹ認ⅰ為ⅹ鄭ⅹ國ⅹ已ⅰ經ⅹ知ⅹ道ⅹ秦ⅹ國ⅹ的ⅹ意ⅰ圖ⅹ，便ⅹ放ⅹ棄ⅹ了ⅹ攻ⅹ打ⅹ鄭ⅹ國ⅹ的ⅹ計ⅰ畫ⅹ。

秦ⅹ軍ⅹ放ⅹ棄ⅹ攻ⅹ打ⅹ鄭ⅹ國ⅹ，轉ⅹ身ⅹ占ⅹ領ⅹ了ⅹ小ⅰ國ⅹ滑ⅹ國ⅹ。滑ⅹ國ⅹ是ⅹ晉ⅹ國ⅹ的ⅹ附ⅹ屬ⅹ國ⅹ，戰ⅹ爭ⅹ驚ⅰ動ⅹ了ⅹ晉ⅹ國ⅹ。此ⅹ時ⅰ晉ⅹ文ⅹ公ⅹ剛ⅹ去ⅹ世ⅹ尚ⅹ未ⅹ安ⅰ葬ⅹ，這ⅹ讓ⅹ晉ⅹ襄ⅰ公ⅹ非ⅰ常ⅹ不ⅹ滿ⅹ，決ⅰ定ⅹ出ⅹ兵ⅹ教ⅹ訓ⅹ秦ⅹ軍ⅹ。

晉芸軍芸埋ゃ伏シ在芸秦シ軍芸回茶國茶的芝必ュ經芸之芝路茶嶠ٍ山芸上芸, 還茶刻芝
意ー將紫晉芸國茶軍芸旗シ放茶在芸路茶中芸央芸。 秦シ軍芸看芸到茶晉芸國茶的芝旗シ幟ッ
後芸, 鬥茶志ッ高茶昂ッ, 立ュ即ュ拔シ掉茶晉芸旗シ, 做茶好芸戰茶鬥茶準茶備芸。

晉芸襄芸公茶早茶就芸做茶好芸了芝部シ署シ, 一ー聲ェ令茶下芸, 藏芝在芸山芸上芸
的芝晉芸軍芸如茶猛ٍ虎茶下芸山芸, 將紫秦シ軍芸打茶得芝落茶花茶流茶水芸。 秦シ軍芸
誤ッ判茶形茶勢芸, 被シ晉芸軍芸打茶敗茶, 出ョ師ァ未芸捷茶, 連茶秦シ軍芸將紫領茶
也ッ被シ俘茶虜茶了芝。

裝神弄鬼造聲勢

古人對於鬼神之事懷有敬畏之心。在戰爭中巧妙地借助「鬼神」的力量，有機會得到意想不到的效果。

秦二世時，陳勝、吳廣等人被徵調至漁陽服役戍守。一行人走到大澤鄉時，天空突然下起了傾盆大雨。大水沖斷了道路，大家寸步難行，無法按時抵達漁陽。

按照秦朝的律法，如果他們不能按時到達指定地點服役，就要被處死。於是陳勝、吳廣號召戍卒一起反抗秦朝的暴政。眾人都表示願意追隨。

你在絲綢上寫「陳勝王」，放到魚肚裡。

唉，魚肚裡有絲綢！

天呐，絲綢上還有字呢！

這是天意，天意不能違背。

陳勝當大王！

陳勝和吳廣見大多數人都願意追隨，內心十分高興。但這樣還不夠，他們必須要在眾人中樹立絕對的威信。兩人苦思，終於有了想法。他們把一塊寫著「陳勝王」的絲綢放進了魚腹中。有人在吃魚時，看到魚腹中有絲綢後，大吃一驚。

聽，上天又給我們信號了。

從此以後，陳勝就是我們的大王！

大楚興，陳勝王。

夜半時分，吳廣躲藏在附近林中的破廟裡，扮成狐狸的聲音喊著「大楚興，陳勝王」。同伴們聽了更加堅信這就是天意，認為陳勝出身不凡，是受到天命的王者。

在一系列「靈異」事件後，陳勝見時機成熟，便殺了隨行押送的尉官，率領眾人以「大楚」為旗號在大澤鄉揭竿而起。百姓對暴秦積怨已久，聽說陳勝是「天選之子」，便毫不猶豫地加入了起義軍。

不久，沛縣亭長也舉兵起義。據說，他曾醉酒斬殺一條象徵「白帝」的白蛇，因此被稱為「赤帝之子」，也迅速得到了百姓的擁護。他就是漢朝的開國皇帝劉邦。

36計事典

有用者，不可借；不能用者，求借。借不能用者而用之，匪我求童蒙，童蒙求我。

這一計謀稱為「借屍還魂」。雙方對戰時，要善於利用和支配那些各方勢力以助我方取勝。

打不過他，先弄走他

東漢末年，群雄四起。東吳孫堅之子孫策準備奪取江北廬江。

硬碰硬可不行！

江北的廬江南鄰長江，北鄰淮水，是一個易守難攻之地。孫策看著地圖，思索著取勝的方法。如果強攻，勝算極低，只有靠計謀取勝才是良策。

劉兄，您年輕有為，是我的榜樣啊！

哈哈，這麼多禮物啊！

劉兄，我打不過上繚，請您幫忙啊！

放心吧，包在我身上！

孫策送給廬江太守劉勳很多禮物，還寫了一封信大肆吹捧。劉勳看到孫策的禮物，頓時眉開眼笑。隨後，孫策請求劉勳替他征討上繚。

一方面，孫策的討好讓劉勳心花怒放，另一方面，上繚地大物博，是劉勳覬覦已久的地方。孫策的主動求助，更讓劉勳下定決心討伐上繚。

劉勳的部下劉曄擔心其中有詐，極力勸阻。

但劉勳根本聽不進去，他已經被孫策的討好所蠱惑，被上繚巨大的利益所引誘。就這樣，劉勳開始調兵遣將出兵上繚。

得知劉勳出兵上繚，孫策立即行動，他親率部下襲擊廬江。因為劉勳帶走了大部分士兵，加上城內防守鬆懈，孫策很快便奪取了廬江。

劉勳得知盧江已失，痛心疾首，但為時已晚。走投無路的劉勳只好投奔曹操。

孫策利用劉勳的貪婪，把他的主力軍隊成功調離了盧江，輕鬆取得了勝利。

衝呀！

贏了一場又一場！

建設江東，人人有責！

我有一個好哥哥！

那一年，孫策只有二十五歲。年輕有為的孫策戰功赫赫，成為東吳的奠基人之一。遺憾的是，孫策英年早逝。其弟孫權在稱帝後，追諡孫策為長沙桓王。

36計事典

待天以困之，用人以誘之，往蹇來返。

這一計謀稱為「調虎離山」。若遇到強勁的對手，我方要善用謀略，使其離開駐地，以使他喪失優勢。我方再伺機採取行動，出奇制勝。

57

以享樂麻痺敵人的防備

春秋時期，諸侯們無視周天子的權勢，紛紛想方設法擴張領土，爭奪霸主地位。

要想擴張，併吞胡國是上策。

啊，有了！

鄭武公想要擴張領土，就計畫吞併胡國。胡國雖小，但強行破城也並非易事。鄭武公想到了一個讓胡國放鬆警戒的辦法。

胡君，鄭武公見您一表人才，想讓您當他的女婿。

哎呀，這可是天上掉餡餅的好事啊！

都給你啦，我親愛的女婿！

我太感動啦！

鄭武公派使者找到胡國國君，表示願意將女兒嫁給他。胡君受寵若驚，因為當鄭武公的女婿，就等於有了強大的靠山，周邊的小國一定會對他另眼相待。胡君當即答應了。婚禮當天，鄭武公送胡君很多金銀財寶，胡君非常高興。

送你的美酒！

送你的美人！

送你的珍寶！

這酒不錯，再喝幾杯！

從此以後，鄭武公常常送胡君禮物，有時是美酒，有時是美人，有時是奇珍異寶。胡君很喜歡鄭武公的禮物，慢慢地醉心享樂起來。

我去旅遊啦！

長官不在，睡一下也沒人管！

胡君每日花天酒地，大臣們上行下效，不再努力處理政務。連士兵們都不好好站崗，整日混水摸魚。

胡國守衛薄弱，進攻吧！

拖出去斬了！

大家知道了吧，我是不會攻打我親愛的女婿的！

有一天，鄭武公召集群臣商議強國之策。大臣關其思建議攻取守衛鬆懈的胡國。話音剛落，鄭武公勃然大怒，命人立即處斬關其思，還表明了不會攻打胡國的心意。

這件事很快便傳到了胡君耳中。他十分感動，更加信任鄭武公，對鄭國毫無防備之心。胡國的守衛聽說送禮的鄭國使者到來，連檢查的步驟都省略了，直接放行。

鄭武公試探了幾次，胡國真的對鄭國完全不設防，他認為進攻的時機成熟了，舉兵壓境。胡君這才如夢初醒，悔不當初，但為時已晚。胡君的放縱，給了鄭武公可乘之機，而這也是鄭武公的屬害之處。

36計事典

逼則反兵，走則減勢。緊隨勿迫，累其氣力，消其鬥志，散而後擒，兵不血刃。需，有孚，光。

這一計謀稱為「欲擒故縱」。戰鬥中，如果將敵人逼得無路可走，對方勢必全力反撲。我方要緊緊跟隨逃跑之敵，消耗其體力，瓦解其鬥志，等到敵人士氣低落、軍心渙散時再進攻，避免不必要的犧牲。故意放縱對手，任由其胡作非為，等其完全放鬆警戒時，再擒獲或消滅他。

貪小便宜吃大虧

戰國時期，秦國和趙國聯合起來攻打魏國。魏國計畫採取分化秦、趙兩國聯盟的方法以獲得勝利……

我們結盟吧！魏王可以把鄴城送給您。

這……讓我想想！

魏昭王派大夫張倚為使者前往趙國和談。他為趙惠文王帶來了一個好消息：如果趙國與魏國結盟，魏昭王就把領土鄴城送給趙國。趙惠文王眉開眼笑。

好的，結盟！

我們能提供的利益會更多！

秦、趙兩國本就是因為利益才結盟的。趙惠文王見不費一兵一卒就能得到鄴城，欣然答應了魏國結盟的請求。

打退堂鼓！

跑

危機解除啦！

呼

哈哈，鄴城是我的啦！

秦軍得知趙、魏結盟的消息後，擔心被兩國聯合圍剿，只好撤兵。魏國的危機被化解了，魏昭王和趙惠文王都很高興。

　　秦ミ軍ミ剛《退冬兵ミ，　趙ミ惠冬文ミ王ミ便ミ興ミ匆冬匆冬地へ派冬人ミ接ミ管冬鄴ミ城ミ。　誰冬知ミ，　擺冬脫冬了ミ危冬機ミ的ミ魏冬國ミ竟ミ然ミ出冬爾ミ反冬爾ミ，　連ミ城ミ門ミ都ミ拒ミ絕ミ打冬開ミ。　吃ミ了ミ閉冬門ミ羹ミ的ミ趙ミ使冬只ミ好ミ無ミ功ミ而ミ返ミ。

　　趙ミ惠冬文ミ王ミ聽ミ了ミ使冬者ミ的ミ匯冬報ミ，　發ミ現ミ他ミ被冬魏冬昭ミ王ミ騙ミ了ミ，　頓冬時ミ火ミ冒ミ三ミ丈ミ，　立ミ即ミ集ミ合ミ軍ミ隊冬，　準ミ備冬攻ミ打冬魏冬國ミ。　誰冬知ミ，　士ミ兵ミ慌ミ張ミ地へ跑冬上ミ大冬殿ミ，　告冬訴冬他ミ秦ミ王ミ正ミ四ム處冬聯ミ絡ミ，　準ミ備冬聯ミ合ミ魏冬國ミ攻ミ打冬趙ミ國ミ。

　　原ミ來ミ，　秦ミ王ミ因ミ趙ミ國ミ出冬爾ミ反冬爾ミ、　擅ミ自ミ毀冬約ミ之ミ事ミ惱ミ怒冬不冬已ミ，　於ミ是ミ準ミ備冬聯ミ魏冬攻ミ趙ミ。

> 趙王，魏國使臣求見！

> 此時該如何是好？

> 如果送給魏昭王五座城池，他願與您共同抗秦。

> 你……這……

為此，趙惠文王心急如焚。此時，魏國的使臣來訪。魏使告訴趙王，如果趙國割讓五座城池送給魏國，魏國便答應與趙國聯合抗秦。

> 諸位大臣都辛苦了，為我們新增的領土乾杯！

> 我這是偷雞不成蝕把米啊！

趙惠文王沒有辦法，只好同意魏昭王的要求。魏昭王用一座城池做誘餌，在秦國與趙國之間周旋，不僅成功扭轉了危機，還得到了五座城池。

類以誘之，擊蒙也。

　　這一計謀稱為「拋磚引玉」。雙方對戰時，我方以某種東西誘惑敵人，使其上當受騙，進而伺機取得成功。利用沒有價值的東西來換取珍貴而有價值的東西。

群龍無首，自亂陣腳

東漢末年，各方軍閥勢力相互傾軋，混戰不斷。曹操的老對手袁紹的勢力遠超過他，他採取了什麼計謀扭轉局勢呢？

袁紹計畫將曹操圍困在官渡。曹操在謀士荀攸的建議下，將士兵分成兩部分。一部分曹軍攻擊袁紹後方的延津，曹操則帶著另一隊曹軍突圍白馬。

袁紹聽說延津遇襲，立即調遣主力軍隊趕往支援，僅留少部分士兵駐守白馬。白馬的守將顏良在三軍中素有「一夫之勇，勇冠三軍」之稱，深受袁紹的信任。

曹操率軍突襲白馬，顏良十分意外，但依然率領將士們奮勇殺敵。

此時，關羽是曹軍前鋒中的一員。關羽本是劉備的部下，戰敗被擒後，曹操以禮相待，任命他為偏將軍。曹操對關羽十分照顧，關羽一直想找機會報答曹操。這時機會來了。

關羽認為必須先除掉守將顏良，袁軍群龍無首，才能不攻自破。於是，關羽在曹軍的掩護下，騎著馬衝向了顏良。

關羽騎馬左衝右突，眨眼之間來到了顏良的面前。顏良大為震驚，甚至來不及反應，就在眾目睽睽之下被關羽斬殺了。

袁軍見此情景，個個嚇破了膽。緩過神的他們丟盔棄甲，四散奔逃。就這樣，曹軍贏得了白馬之戰的勝利。

白馬之戰的勝利，關羽功不可沒，他不僅武藝高強，而且勇猛善戰。此後，曹操更加敬重關羽了。

36計事典

摧其堅，奪其魁，以解其體。龍戰於野，其道窮也。

這個計謀稱為「擒賊擒王」。兩軍對戰時，要先摧毀敵人的主力，擒住對方的首領，有助於瓦解其整體力量，敵人將如同龍離開大海到陸地作戰而身處絕境一樣。

混戰計

改變局勢‧攻心為上

　　齊人稱孔子「為政必霸」，為保自我周全，想先獻送土地。齊國大夫黎鉏卻說：「請先嘗試設法阻止孔子當政；如果沒法阻止孔子當政，再獻送土地也不遲呀！」齊國能阻止孔子當政嗎？

　　孔子是春秋時期魯國人，他是著名的思想家、政治家和教育家。事實上，當時的魯國並不強大，孔子雖然賢能卻無用武之地。

　　孔子的才華與德行受到魯國國君的重視，於是任命他為魯國的大司寇。孔子執法公正，在他的影響下，魯國政治清明，百姓安居樂業，各項建設逐漸發展起來。

　　魯國的強大讓鄰居齊國非常緊張。齊景公得知魯國的強大全因孔子施行仁政，倡導公平正義，就想盡辦法製造孔子和魯定公之間的衝突。

　　齊景公根據魯定公的喜好，將盛裝女樂、駿馬陳列在魯國都城南面的高門外，準備贈送給魯國國君。

　　當時魯國執政的季桓子，整天到南門去看齊國準備的女樂和駿馬，最後收受了這些「禮品」。他沉迷於聲色犬馬之中，喪失了鬥志，連國家大事也懶得管理。

孔子看到季桓子三天不上朝，舉行郊祀典禮後，也不向大夫分發祭肉，就知大事不妙。

孔子憤然辭官，帶著弟子離開了魯國，到其他國家遊歷講學。事後，季桓子長嘆一聲，說：「先生是怪罪我接受了齊國女樂的緣故啊！」

36計事典

不敵其力，而消其勢，兌下乾上之象。

這一計謀稱為「釜底抽薪」。雙方交戰時，不直接對抗敵人的鋒芒，而是間接打擊敵人的氣勢，轉弱為強。比喻從根本解決問題。

千里之堤，潰於蟻穴

唐玄宗時期，北方契丹多次侵犯唐朝邊境。幽州長使張守珪奉命抗擊契丹，他能打敗強悍的契丹嗎？

> 我們是來談合作的！

> 歡迎，歡迎！

> 我也要去契丹，禮尚往來嘛！

張守珪到任後，頻頻出擊，取得了多次勝利。契丹主帥可突干害怕張守珪，於是派使者到幽州假意求和。張守珪識破契丹假意投降的計謀。於是，他將計就計，不僅客氣地接待了契丹來使，還派王悔出使契丹。

> 來我們契丹軍營玩幾天吧！

> 那我就不客氣啦！

> 這酒怎麼這麼難喝？

> 這不是挺好的！

> 不好！

> 好！

王悔來到契丹軍營，可突干熱情款待了他。宴會上，王悔仔細觀察契丹將領們的舉動。他欣喜地發現，李過折與可突干兩人似乎不和。於是，王悔決定從這入手，挑起契丹的內訌。

在契丹軍營裡，王悔時常找李過折聊天，兩人的關係越來越親密。慢慢地，李過折竟然將王悔視為知己。一天，兩人一起喝酒，王悔假意誇獎可突干的才幹，這激怒了李過折。原來，李過折對可突干十分不滿。

王悔勸說李過折殺掉可突干，投靠唐軍，答應李過折，只要殺死可突干，朝廷必有重用。李過折十分心動，開始制定殺掉可突干的計畫。王悔見目的達到，便啟程返回幽州。

一天夜裡，李過折偷偷闖入可突干的營房。熟睡中的可突干毫無察覺，被李過折斬於帳中。

李過折又順勢斬了可突干的黨羽。不久，他率契丹餘部歸降唐朝。

張守珪先挑起契丹軍內部兩股強大的勢力自相殘殺後，再坐收漁翁之利，成功平定了契丹。

36計事典

乘其陰亂，利其弱而無主。隨，以向晦入宴息。

這一計謀稱為「混水摸魚」。作戰要善於抓住敵方的可乘之隙，藉機行事，亂中取利。

來啊！來捉我啊！

楚漢爭霸初期，漢王劉邦在西楚霸王項羽面前處於弱勢。這次，劉邦被項羽困在了滎陽城，他該用什麼計謀擺脫呢？

> 西楚霸王！我們來投降啦！

> 我不同意！

> 放了我們吧，要我們做什麼都可以！

劉邦率領的漢軍不是項羽為首的楚軍的對手，被楚軍困在了滎陽城。

項羽下令切斷劉邦軍隊的糧草供應，劉邦無奈之下，只得派使者求和。但使者說盡好話，項羽依然不同意談和。

> 我要把劉邦困在那裡！

> 我們應該抓住機會進攻！！

> 進攻！

雙方就這樣僵持著，項羽鐵了心要將劉邦困在那裡。項羽的軍師范增認為這樣做太被動，應快點進攻漢軍，項羽聽取了他的意見。

> 還是范軍師兵法厲害！

> 范軍師比大王對我們好！

> 氣死我了！

劉邦很傷腦筋，就採用了陳平的計謀。他私底下派人四處散播謠言，想要離間范增和項羽。這些謠言傳到了項羽的耳中，他對范增越發懷疑。

　項羽懷疑范增與劉邦私通，就逐漸削減了范增的權力。范增一氣之下便提出要告老還鄉。在路上，范增突發疾病而死。

　漢軍將領紀信認為滎陽形勢危急，便向劉邦請求假扮他以矇騙項羽，讓劉邦趁機出城。

這天夜裡，紀信穿著劉邦的衣服，駕著劉邦的馬車，帶領大批隨從，從榮陽東門出發了。他身邊的漢軍故意大聲說要投降楚王，引來了大批楚軍。此時，真正的劉邦早已悄悄從西門溜走了。

項羽聽說劉邦投降了，十分高興，馬上趕到東門。仔細一看，根本不是劉邦，分明是假的。氣憤的項羽下令把紀信活活燒死。這時，項羽才懊悔沒有聽范增的話，錯失了除掉劉邦的機會。

36計事典

存其形，完其勢；友不疑，敵不動。巽而止，蠱。

這一計謀稱為「金蟬脫殼」。我方處於困境時，要暗中轉移主力，穩住敵人，伺機脫困。

英雄末路，四面楚歌

西楚霸王項羽的剛愎自用和分配不公引起諸侯們的不滿，許多諸侯公然反叛。項羽雙拳難敵四手，對於局勢漸漸力不從心。此時，持續發展壯大的劉邦認為時機到了……

楚漢相爭時期，腹背受敵的項羽不得不與劉邦議和，答應與劉邦以鴻溝為界，平分天下。議和條約簽訂後，劉邦的軍師張良等人認為，此時正是攻打項羽的好時機。劉邦聽從了大家的意見，撕毀盟約，做好了戰鬥的準備。

為了攻打項羽，劉邦集結了大批人馬。他的大軍從各個方向包圍了項羽。

項羽打敗了一路漢軍，準備逃跑，卻沒想到又有大批漢軍從四面八方湧來將他包圍，楚軍被打得人仰馬翻。項羽突出重圍，逃到垓下。

逃出包圍圈的楚軍損失慘重。由於運糧的部隊沒有逃出來，戰士們連吃的也沒有，又累又餓。

很快，漢軍就追上了項羽，再次將楚軍團團圍住。

夜晚來臨，劉邦命令漢軍唱起楚地的民歌。

在熟悉的歌聲裡，將士們想起了自己的家鄉和親人，無不失聲痛哭。聽著四周傳來的楚歌，項羽心灰意冷。月色下，項羽的愛妃虞姬為他舞劍，一曲完畢，虞姬揮劍自刎。

大王，快逃！

項羽別跑！

抱歉，我無法水陸兩棲。

　　殘餘的楚軍追隨項羽出生入死多年，他們拚死一戰，為項羽開出一條逃生之路。項羽帶著八百精兵，狼狽出逃。卻被劉邦的士兵發現了。漢軍一直追逐項羽到烏江邊。

我沒臉見江東父老啊！

我贏啦！

至今思項羽，不肯過江東！

　　戰敗被圍，將士犧牲，愛妃自殺，項羽接連遭受打擊，此時望著滔滔江水，一時感慨萬千。拔劍自殺。劉邦幾次圍困項羽，從戰術到心理，一步步戰勝了項羽。

36計事典

小敵困之。剝，不利有攸往。

　　這一計謀稱為「關門捉賊」。迎戰小股勢力的敵人，首選圍困，不要急於追擊或者遠距離襲擊，這樣可以用最少的力量獲得勝利。

一統天下的法寶

戰國末期，七雄爭霸進入尾聲，秦國以絕對優勢勝出。其他六國看出秦國吞併六國、統一中原的野心，紛紛想辦法保護自己。

離秦國最近的是韓、趙、魏、楚四國，其次是燕國和齊國。秦昭襄王計畫越過其他國家攻打齊國。對此，謀士范雎持不同意見。

范雎認為齊國距離秦國太遠，即使攻破，很快會被別國瓜分。不如先攻打鄰國韓、魏，與其他國家保持友好關係。

於是，秦國一邊對韓、魏兩國出兵，一邊送禮給齊、楚等國。起初，計畫進行得相當順利。可當秦軍來到趙國的都城邯鄲時，卻被趙國聯合其他幾個國家打敗了。

　　後來，秦王嬴政即位，他繼續採用范雎「遠交近攻」的策略。韓、趙、魏不愧是三家分晉時的夥伴，先後毀約，給了秦國攻打他們的藉口。秦王嬴政毫不留情地先後併吞了這三個國家。

　　秦國的領土擴張後，燕、楚、齊三國成了秦國的「鄰居」。南方楚國的昌平君一面假意投降，一面籌備併吞秦國南部領土，結果被秦軍識破。最後，秦軍活捉了楚王，楚國被滅。

　　燕國太子丹見趙國被滅，有了唇亡齒寒之感。他決定先下手為強，派荊軻刺殺秦王。可惜荊軻行動失敗，反而給秦王攻打燕國的理由。不久，燕國被滅。

東邊的齊國因為距離秦國最遠，而且兩國之間隔著幾個國家，所以一直是秦國交好的對象。當秦軍殺過來的時候，齊國相國后勝勸他投降，於是齊王建投降秦國。

就這樣，秦王嬴政統一了六國，完成了祖輩的遺志，建立了秦朝。嬴政自稱「始皇帝」，史稱「秦始皇」。

36計事典

形禁勢格，利從近取，害以遠隔。上火下澤。

這一計謀稱為「遠交近攻」。與敵人作戰時，如果受到地勢的限制和阻礙，進攻附近的敵人有利，攻取遠距離的敵人不利。「遠交近攻」不僅是軍事戰略，更是一種政治謀略。

皮之不存，毛將焉附

春秋時期，晉獻公想要併吞鄰國虞國和虢國，但他又擔心這兩國聯合起來討伐晉國。多虧了晉國大臣荀息的一條妙計，才讓晉獻公如願以償。

> 我們先打近處的虢國吧！

> 從虞國借道攻打虢國更好。

> 我們支持荀息！

與虢國相比，虞國離晉國更近。晉獻公想攻打虞國，大臣荀息建議從虞國借道，攻打虢國，再趁虞國毫無防備之時，伺機攻打虞國。

> 該怎麼向虞國借道呢？

> 送給虞公良馬和玉璧就行啦！

> 你們隨意，怎麼走都行！

> 都是送給我的？

> 是的，只要您同意我們從您的國家路過！

荀息讓晉獻公送虞公——良馬和玉璧。虞公看到良馬和玉璧，痛快同意了晉國借道的請求。

　　虞山國炎大冬臣炙宮炎之业奇兰聽音說是後安， 趕緊景觀景見景虞山公公。 他章認思為冬虢炎國多是严虞山國多的多好公友家， 虞山國多卻氣為冬晉景國多攻多打多虢炎國多提竺供是便景利率， 實严在景是严對多不多起冬虢炎國多。 如景果多晉景國多趁多機竺攻多打多虞山國多怎是麼皇辦冬呢是？ 但冬虞山公公根是本冬不多聽音。

　　不多久景之业後安， 大冬批率晉景軍景從多虞山國多穿多過多。 他专們自不多僅景要家攻多取公虢炎國多， 還家要家記当下京沿家途女的多地率形玉， 以予便景在景返家程多途女中是伺公機当進景攻多虞山國多。 很是快多， 晉景軍景到多達多了多虢炎國多。

　　不多久景， 虢炎國多被多滅景， 虢炎公公丑多逃家往多京景城多， 晉景軍景凱景旋景而心歸多。

晉⁴國⁴軍⁴隊⁴回⁴國⁴時⁴，趁⁴機⁴滅⁴亡⁴了⁴虞⁴國⁴，連⁴虞⁴公⁴也⁴被⁴俘⁴虜⁴。直⁴到⁴這⁴時⁴虞⁴公⁴才⁴後⁴悔⁴沒⁴有⁴聽⁴宮⁴之⁴奇⁴的⁴勸⁴告⁴，但⁴為⁴時⁴已⁴晚⁴。

荀⁴息⁴牽⁴回⁴以⁴前⁴送⁴給⁴虞⁴公⁴的⁴馬⁴，獻⁴給⁴晉⁴獻⁴公⁴。晉⁴獻⁴公⁴笑⁴著⁴說⁴：「馬⁴還⁴是⁴我⁴的⁴馬⁴，只⁴是⁴老⁴了⁴點⁴！」

兩大之間，敵脅以從，我假以勢。困，有言不信。

這一計謀稱為「假道伐虢」。指以向對方借道為名，實際上卻是要侵占該國（或該路）。假道，是借路的意思。伐，是攻占的意思。虢，是周朝時的一個小國。該計謀用於軍事上，用意是先利用甲做跳板消滅乙，達到目的後，反過來再連甲一起消滅。

並戰計

繼承人之戰

　　秦始皇死後，秦二世胡亥即位。但秦二世的皇位來得並不光明磊落……

我擁護扶蘇。

我力挺胡亥。

　　秦始皇建立秦朝後，舉國上下都在猜測誰會成為下一任皇帝。呼聲最高的有兩個人，一位是賢能公正的公子扶蘇，另一位是秦始皇非常寵愛的幼子胡亥。

皇上，公子扶蘇是仁君之選！

皇上，公子胡亥多可愛呀！

交給誰我都不放心！

　　扶蘇與胡亥各有支持者。扶蘇的支持者是以大將軍蒙恬為首的蒙氏一族，而胡亥的支持者是宦官趙高。秦始皇認為兩個孩子雖各有所長，但他並未冊立任何一人為太子。

秦始皇第五次東巡途中，突然感到身體不適，從此一病不起。他明白自己可能來日無多了，連忙寫了一封詔書給扶蘇，要他快點回咸陽準備相關事宜，詔書卻被宦官趙高故意扣押了。

趙高是胡亥的老師，深得胡亥的信任。他內心希望胡亥當皇帝。但要讓胡亥當皇帝，他必須說服隨行的李斯才行。

走到沙丘宮時，秦始皇駕崩。為避免動盪，李斯決定祕不發喪。趙高趁這個空檔，威逼利誘李斯，同意他的計畫。

嗚嗚嗚，父皇要殺我，我還是自行了斷吧！

哈哈哈，輕鬆得來不費吹灰之力！

君要臣死，臣不得不死！

軍權歸我們啦！

胡亥、趙高與李斯三人祕密竄改了詔書，由胡亥繼承皇位。不僅如此，趙高還偽造秦始皇的筆跡，下令扶蘇、蒙恬自盡。公子扶蘇接到聖旨，傷心地自我了斷。大將軍蒙恬本有反抗之力，卻仍接受了旨意。

趙老師真厲害！

大秦由我說了算！

我真是害人害己。

趙高為秦二世胡亥「偷」來了皇位，自然深得胡亥的信任。他的野心越來越大，凡是得罪他的人都得死。為了避免東窗事發，他也沒有放過丞相李斯。秦朝被趙高攪得昏天黑地，很快便滅亡了。

36計事典

頻更其陣，抽其勁旅，待其自敗，而後乘之，曳其輪也。

這一計謀稱為「偷梁換柱」。古代雙方交戰講究排兵布陣。聯合對敵作戰時，反覆變動友軍陣地，藉以調換其兵力，使其自趨滅亡，而我方則暗中控制它、吞併它，這就像控制了車輪便控制了車子前進的方向一樣。

殺雞做猴，以做效尤

晉、燕兩國進犯齊國，齊景公派田穰苴和莊賈共同抗擊，但莊賈自恃齊景公的恩寵，目無軍紀，喝酒遲到。對此，作為主將的田穰苴是如何處理的呢？

春秋時期，齊景公任命田穰苴為將，帶兵抗擊晉、燕兩國的進犯，派寵臣莊賈做監軍。田穰苴與莊賈約定，第二天中午在營門口集合。

第二天，田穰苴早早到了營中，時間一到，就宣布軍令，整頓軍隊。可是莊賈卻遲遲不到，田穰苴幾次派人催促。

直到黃昏時分，莊賈才帶著醉容到達營門口。田穰苴問他緣故，莊賈一副若無其事的樣子說：「親戚朋友都來為我設宴餞行，我總得應酬一下吧，所以來得遲了。」

90

　　田穰苴非常氣憤，斥責他身為國家大臣，有監軍重任，卻目無軍紀，不以國家大事為重。莊賈以為這只是區區小事，仗著自己是國君的寵臣，對田穰苴的話滿不在乎。

　　誰知田穰苴竟叫來執法軍官，問：「無故誤了行軍時間，按照軍法應當如何處置？」執法軍官答：「當斬！」田穰苴立即命人拿下莊賈。

　　莊賈嚇得渾身發抖，他的隨從連忙向齊景公報告情況。齊景公派來的使臣飛馬闖入軍營，可田穰苴卻沉著應道：「將在軍，君令有所不受。」莊賈依然被斬。

他t見ㄐㄧㄢˋ來ㄌㄞˊ人ㄖㄣˊ驕ㄐㄧㄠ狂ㄎㄨㄤˊ，便ㄅㄧㄢˋ又ㄧㄡˋ叫ㄐㄧㄠˋ來ㄌㄞˊ執ㄓˊ法ㄈㄚˇ軍ㄐㄩㄣ官ㄍㄨㄢ，問ㄨㄣˋ道ㄉㄠˋ：「在ㄗㄞˋ軍ㄐㄩㄣ營ㄧㄥˊ中ㄓㄨㄥ肆ㄙˋ意ㄧˋ亂ㄌㄨㄢˋ闖ㄔㄨㄤˇ，按ㄢˋ軍ㄐㄩㄣ法ㄈㄚˇ應ㄧㄥ當ㄉㄤ如ㄖㄨˊ何ㄏㄜˊ處ㄔㄨˇ置ㄓˋ？」執ㄓˊ法ㄈㄚˇ軍ㄐㄩㄣ官ㄍㄨㄢ答ㄉㄚˊ道ㄉㄠˋ：「當ㄉㄤ斬ㄓㄢˇ。」來ㄌㄞˊ使ㄕˇ嚇ㄒㄧㄚˋ得ㄉㄜˊ面ㄇㄧㄢˋ如ㄖㄨˊ土ㄊㄨˇ色ㄙㄜˋ。

田ㄊㄧㄢˊ穰ㄖㄤˊ苴ㄐㄩ不ㄅㄨˋ慌ㄏㄨㄤ不ㄅㄨˋ忙ㄇㄤˊ地ㄉㄧˋ說ㄕㄨㄛ道ㄉㄠˋ：「君ㄐㄩㄣ王ㄨㄤˊ派ㄆㄞˋ來ㄌㄞˊ的ㄉㄜ˙使ㄕˇ者ㄓㄜˇ，可ㄎㄜˇ以ㄧˇ不ㄅㄨˋ殺ㄕㄚ。」於ㄩˊ是ㄕˋ下ㄒㄧㄚˋ令ㄌㄧㄥˋ殺ㄕㄚ了ㄌㄜ˙使ㄕˇ者ㄓㄜˇ的ㄉㄜ˙車ㄔㄜ夫ㄈㄨ和ㄏㄢˋ左ㄗㄨㄛˇ邊ㄅㄧㄢ的ㄉㄜ˙馬ㄇㄚˇ，砍ㄎㄢˇ斷ㄉㄨㄢˋ馬ㄇㄚˇ車ㄔㄜ左ㄗㄨㄛˇ邊ㄅㄧㄢ的ㄉㄜ˙木ㄇㄨˋ柱ㄓㄨˋ，讓ㄖㄤˋ使ㄕˇ者ㄓㄜˇ回ㄏㄨㄟˊ去ㄑㄩˋ報ㄅㄠˋ告ㄍㄠˋ。至ㄓˋ此ㄘˇ，將ㄐㄧㄤˋ士ㄕˋ們ㄇㄣ˙都ㄉㄡ明ㄇㄧㄥˊ白ㄅㄞˊ田ㄊㄧㄢˊ穰ㄖㄤˊ苴ㄐㄩ治ㄓˋ軍ㄐㄩㄣ嚴ㄧㄢˊ明ㄇㄧㄥˊ，此ㄘˇ舉ㄐㄩˇ使ㄕˇ軍ㄐㄩㄣ隊ㄉㄨㄟˋ上ㄕㄤˋ下ㄒㄧㄚˋ一ㄧˋ志ㄓˋ，打ㄉㄚˇ了ㄌㄜ˙不ㄅㄨˋ少ㄕㄠˇ勝ㄕㄥˋ仗ㄓㄤˋ。

36計事典

大凌小者，警以誘之。剛中而應，行險而順。

這一計謀稱為「指桑罵槐」。強者應用警戒的方式懾服弱者，樹立適當的威嚴，才能獲得擁護；採取高明的手段，才能使人順服。

生活不易，全靠演技

史官是古代朝廷中專門負責整理編纂前朝史料史書和搜集記錄本朝史實的官員，有時他們會加入自己的主觀看法，讓歷史人物有血有肉。或許在史學家的眼中，司馬懿堪稱影帝級的人物。

司馬懿，跟我一起吧！

不行啊，我有類風濕性關節炎！

司馬懿出身官宦世家，自小才華橫溢。曹操聽說了司馬懿的才幹，就去招募他。司馬懿不想為曹操工作，就裝作得了風痺症，也就是類風濕性關節炎，整日癱在床上。

司馬懿，你是真的病了還是假病啊？

大人，我看司馬懿是裝病！

氣死我了。

你看，我沒辦法下床啊！

曹操不相信，派人夜間去刺探，司馬懿躺在床上一動不動，像真的生病一樣。

曹操任丞相之後，使用強制手段逼司馬懿任職文學掾。曹操深知司馬懿是位才子，就命司馬懿輔佐兒子曹丕，二人也因此結下了深厚的情誼。

司馬懿的才華逐漸展現，曹操對他既提防又猜忌。兒子曹丕卻十分信任司馬懿，常在父親面前替他說話，這才保住了司馬懿的性命。司馬懿對曹丕感激不盡，屢立大功。曹丕死後，司馬懿扶植其子曹叡稱帝。

誰知曹叡和曹丕一樣英年早逝，曹叡八歲的兒子曹芳繼承皇位。司馬懿和曹爽同為輔政大臣。曹爽是宗室出身，常常排擠司馬懿，司馬懿於是故技重施，開始裝病。

司馬懿走路要人扶。

司馬懿吃飯要人餵！

司馬懿耳朵聽不見了。

你們不用再盯著司馬懿了！

曹爽派人監視司馬懿，聽說司馬懿病得很重，漸漸放下了防備。

後來，司馬懿趁著曹爽陪皇帝掃墓時發動政變，將曹爽的黨羽全部鏟除。曹爽被判以謀反的罪名，下令處死。從此以後，魏國大權落入司馬懿手中，他再也不用「演戲」了。

而後，司馬家族統一全國，建立了西晉。

想要拒絕不容易

東漢末年，荊州刺史劉表的新夫人為幫助繼子劉琮繼承父親的事業，對劉表長子劉琦百般陷害。身處險境中的劉琦向諸葛亮求助，諸葛亮會幫助他嗎？他能保住性命嗎？

荊州刺史劉表有兩個兒子，長子劉琦和次子劉琮。劉表的新夫人沒有兒子，便想在劉琦兄弟中選一個作為依靠。她選了劉琮，將姪女嫁給他。

從此以後，新夫人總在劉表耳邊誇獎劉琮、詆毀劉琦。劉表漸漸對大兒子劉琦心生不滿，有心讓劉琮接自己的班。

為了防止劉琦跟劉琮爭奪利益，新夫人經常陷害劉琦，劉琦的處境十分艱難。

就在此時，劉備等人前來投靠劉表。劉琦聽說諸葛亮足智多謀，便向諸葛亮請教。但諸葛亮不想介入劉表的繼承人之爭，一直推託。

這天，劉琦再次約諸葛亮喝酒。諸葛亮實在推託不掉，只能應約而去。酒樓位於一處高樓，需要攀登梯子才能上去。酒過三巡，劉琦再次向諸葛亮求助。諸葛亮發現梯子被撤走了，只好暗示劉琦要遠走避禍。

劉ㄌㄧㄡˊ琦ㄑㄧˊ和ㄏㄢˋ晉ㄐㄧㄣˋ文ㄨㄣˊ公ㄍㄨㄥ重ㄔㄨㄥˊ耳ㄦˇ的ㄉㄜ˙處ㄔㄨˇ境ㄐㄧㄥˋ十ㄕˊ分ㄈㄣ相ㄒㄧㄤ似ㄙˋ。繼ㄐㄧˋ母ㄇㄨˇ驪ㄌㄧˊ姬ㄐㄧ為ㄨㄟˋ了ㄌㄜ˙讓ㄖㄤˋ自ㄗˋ己ㄐㄧˇ的ㄉㄜ˙孩ㄏㄞˊ子ㄗˇ登ㄉㄥ上ㄕㄤˋ王ㄨㄤˊ位ㄨㄟˋ，而ㄦˊ陷ㄒㄧㄢˋ害ㄏㄞˋ重ㄔㄨㄥˊ耳ㄦˇ，害ㄏㄞˋ他ㄊㄚ被ㄅㄟˋ迫ㄆㄛˋ逃ㄊㄠˊ離ㄌㄧˊ晉ㄐㄧㄣˋ國ㄍㄨㄛˊ。劉ㄌㄧㄡˊ琦ㄑㄧˊ受ㄕㄡˋ到ㄉㄠˋ啟ㄑㄧˇ發ㄈㄚ，向ㄒㄧㄤˋ劉ㄌㄧㄡˊ表ㄅㄧㄠˇ請ㄑㄧㄥˇ求ㄑㄧㄡˊ鎮ㄓㄣˋ守ㄕㄡˇ江ㄐㄧㄤ夏ㄒㄧㄚˋ。

聰ㄘㄨㄥ明ㄇㄧㄥˊ的ㄉㄜ˙諸ㄓㄨ葛ㄍㄜˇ亮ㄌㄧㄤˋ幫ㄅㄤ劉ㄌㄧㄡˊ琦ㄑㄧˊ保ㄅㄠˇ住ㄓㄨˋ了ㄌㄜ˙性ㄒㄧㄥˋ命ㄇㄧㄥˋ。不ㄅㄨˋ過ㄍㄨㄛˋ，劉ㄌㄧㄡˊ琦ㄑㄧˊ也ㄧㄝˇ是ㄕˋ聰ㄘㄨㄥ明ㄇㄧㄥˊ人ㄖㄣˊ，如ㄖㄨˊ果ㄍㄨㄛˇ他ㄊㄚ沒ㄇㄟˊ有ㄧㄡˇ撤ㄔㄜˋ掉ㄉㄧㄠˋ梯ㄊㄧ子ㄗˇ、斷ㄉㄨㄢˋ了ㄌㄜ˙諸ㄓㄨ葛ㄍㄜˇ亮ㄌㄧㄤˋ的ㄉㄜ˙退ㄊㄨㄟˋ路ㄌㄨˋ，是ㄕˋ斷ㄉㄨㄢˋ然ㄖㄢˊ得ㄉㄜˊ不ㄅㄨˋ到ㄉㄠˋ保ㄅㄠˇ命ㄇㄧㄥˋ的ㄉㄜ˙忠ㄓㄨㄥ告ㄍㄠˋ的ㄉㄜ˙。

36計事典

假之以便，唆之使前，斷其援應，陷之死地。遇毒，位不當也。

這一計謀稱為「上屋抽梯」。在敵人面前故意露出破綻，誘使其深入我方陣地，然後切斷其後路，使其陷入絕境。

一夫當關，萬夫莫敵

劉表死後，兒子劉琮接管荊州。曹操大軍南下，劉琮很快歸順了曹操。寄居荊州的劉備不願歸順曹操，於是向江東撤離。劉備能夠順利逃脫嗎？

帶我們一起走吧！

好！

休息一下吧，我們走不動了！

主公，走這麼慢，曹軍要追上我們了！

我們不能扔下百姓啊！

荊州的百姓聽說劉備要去江東，同行。路上，男女老少行進緩慢，拖延了劉備撤離的速度。劉備明知這樣很容易被曹軍追上，但仍捨不得拋棄百姓。

抓劉備，衝啊！

我來保護嫂子和孩子！

哎呀，好亂啊！

劉備呢？

大哥快走，我斷後！

劉備等人行軍途中被曹軍趕上，雙方展開激烈的混戰。劉備的妻兒都被亂軍衝散，猛將趙雲也不知所蹤。劉備只好狼狽逃走，留下張飛在長坂坡抵擋追兵。

　　張飛是劉備的義弟，與劉備出生入死，素有「萬人敵」之稱。此時，張飛趁亂快速整合部下。數來數去，僅剩二、三十名騎兵可調度。該如何面對曹軍的千軍萬馬呢？張飛臨危不亂，快速想到了退敵的計策。

　　張飛命士兵折下樹上的大樹枝，再將這些樹枝拴在戰馬上。隨後，他命騎兵騎著馬不斷狂奔，而自己則站在長坂坡的橋頭，手執二丈長矛，嚴陣以待。

　　曹軍趕到時，一眼便看到了不好惹的張飛以及他身後樹林冒出的滾滾塵煙。似乎埋伏不少人，曹軍停在原地，不敢貿然前進。

張　飛見曹軍停止前進，在橋頭怒吼不止，聲音震天。曹軍被張飛的氣勢震懾，越發肯定張飛身後設了埋伏，無人敢上前，只好撤退。

張　飛用計抵擋住了曹操的千軍萬馬，為劉備和百姓爭取時間逃生。後來，趙雲將少主劉禪安全帶回，一家人終於團聚。

36計事典

借局布勢，力小勢大。鴻漸於基，其羽可用為儀也。

這一計謀稱為「樹上開花」。當我方兵力弱小時，可借助某種手段布出有利陣勢，擺出強大的樣子。鴻雁飛到山頭，羽毛可以編織舞具，這是吉祥之兆。

以誠待人，以德服人

唐代宗時期，大將僕固懷恩對朝廷不滿，聯合吐蕃和回紇公然攻唐。唐朝守將能夠順利化解危機嗎？

唐朝中期，叛軍來勢洶洶，攻打到了涇陽。涇陽的守將是唐朝名將郭子儀，他只有一萬人馬，而敵人卻有三十萬大軍。郭子儀再厲害，也無法抵擋僕固懷恩、吐蕃和回紇的三路大軍。

叛軍圍城時，郭子儀親自上陣。回紇將士問唐軍將領是誰，得知是郭子儀後很生氣。原來，僕固懷恩為誘使回紇叛唐，謊稱天子駕崩，郭子儀去世，中原無人主持。所以，回紇才叛唐的。

郭⟨⟩子⟨⟩儀⟨⟩派⟨⟩人⟨⟩對⟨⟩回⟨⟩紇⟨⟩人⟨⟩說⟨⟩：「過⟨⟩去⟨⟩你⟨⟩們⟨⟩不⟨⟩遠⟨⟩萬⟨⟩里⟨⟩來⟨⟩幫⟨⟩助⟨⟩我⟨⟩們⟨⟩平⟨⟩定⟨⟩叛⟨⟩賊⟨⟩（即⟨⟩安⟨⟩史⟨⟩之⟨⟩亂⟨⟩），如⟨⟩今⟨⟩卻⟨⟩幫⟨⟩助⟨⟩叛⟨⟩亂⟨⟩臣⟨⟩子⟨⟩，能⟨⟩得⟨⟩到⟨⟩什⟨⟩麼⟨⟩好⟨⟩處⟨⟩呢⟨⟩？」

回⟨⟩紇⟨⟩人⟨⟩回⟨⟩覆⟨⟩說⟨⟩都⟨⟩是⟨⟩被⟨⟩僕⟨⟩固⟨⟩懷⟨⟩恩⟨⟩騙⟨⟩了⟨⟩，他⟨⟩們⟨⟩很⟨⟩珍⟨⟩視⟨⟩與⟨⟩唐⟨⟩朝⟨⟩的⟨⟩情⟨⟩誼⟨⟩，但⟨⟩想⟨⟩見⟨⟩一⟨⟩見⟨⟩郭⟨⟩子⟨⟩儀⟨⟩。

唐⟨⟩軍⟨⟩將⟨⟩士⟨⟩都⟨⟩怕⟨⟩回⟨⟩紇⟨⟩使⟨⟩詐⟨⟩，不⟨⟩同⟨⟩意⟨⟩郭⟨⟩子⟨⟩儀⟨⟩赴⟨⟩約⟨⟩。但⟨⟩郭⟨⟩子⟨⟩儀⟨⟩覺⟨⟩得⟨⟩，如⟨⟩果⟨⟩能⟨⟩談⟨⟩成⟨⟩，唐⟨⟩軍⟨⟩減⟨⟩少⟨⟩傷⟨⟩亡⟨⟩；如⟨⟩果⟨⟩談⟨⟩不⟨⟩成⟨⟩，大⟨⟩不⟨⟩了⟨⟩一⟨⟩死⟨⟩。

郭ᵉ子ʳ儀ʸ只ᵉ帶ᵉ了ᵉ幾ᵉ個ᵉ隨ᵉ從ᵉ便ᵉ赴ᵉ約ᵉ了ᵉ。 回ᵉ紇ᵉ首ᵉ領ᵉ熱ᵉ情ᵉ地ᵉ款ᵉ待ᵉ他ᵉ。 席ᵉ間ᵉ, 郭ᵉ子ʳ儀ʸ一ᵉ邊ᵉ訴ᵉ說ᵉ著ᵉ大ᵉ唐ᵉ的ᵉ友ᵉ好ᵉ政ᵉ策ᵉ, 一ᵉ邊ᵉ回ᵉ憶ᵉ與ᵉ回ᵉ紇ᵉ的ᵉ情ᵉ誼ᵉ, 並ᵉ提ᵉ醒ᵉ回ᵉ紇ᵉ首ᵉ領ᵉ吐ᵉ蕃ᵉ只ᵉ想ᵉ利ᵉ用ᵉ回ᵉ紇ᵉ。

剛ᵉ好ᵉ此ᵉ時ᵉ傳ᵉ來ᵉ僕ᵉ固ᵉ懷ᵉ恩ᵉ病ᵉ死ᵉ的ᵉ消ᵉ息ᵉ, 於ᵉ是ᵉ回ᵉ紇ᵉ同ᵉ意ᵉ與ᵉ唐ᵉ朝ᵉ合ᵉ作ᵉ, 共ᵉ同ᵉ對ᵉ付ᵉ吐ᵉ蕃ᵉ。 吐ᵉ蕃ᵉ一ᵉ聽ᵉ形ᵉ勢ᵉ有ᵉ變ᵉ, 連ᵉ夜ᵉ撤ᵉ兵ᵉ。 郭ᵉ子ʳ儀ʸ以ᵉ一ᵉ己ᵉ之ᵉ力ᵉ, 打ᵉ破ᵉ了ᵉ被ᵉ動ᵉ局ᵉ面ᵉ, 避ᵉ免ᵉ了ᵉ一ᵉ場ᵉ血ᵉ戰ᵉ。

36
計
事
典

乘隙插足，扼其主機，漸之進也。

這一計謀稱為「反客為主」。乘著敵人的漏洞、空隙插足進去，控制敵人、分裂敵人同盟，扼住它的關鍵部分，使形勢向有利於我方的方向發展。

敗戰計

深泉之魚，死於芳餌

春秋時期，吳、越兩國爆發戰爭。越國戰敗，越王勾踐當了吳王夫差的奴隸。勾踐卑躬屈節，取得了夫差的信任，被放回了越國。回到越國的勾踐臥薪嘗膽，時刻為復仇準備著……

> 我不會忘記曾經受過的恥辱！

> 我們送美人給喜歡美色的夫差吧！

回到越國的勾踐勵精圖治，將國家治理得日漸繁榮。但越國無法在短時間內超越吳國的軍事力量，正面對抗無異以卵擊石。越國大夫文種得到情報，吳王夫差喜好美色，便想到了美人計。

> 皺眉的樣子都這麼美！

> 真美！

> 好美呀，我不敢看！

勾踐採納了文種的建議，開始在全國徵選美人。西施是越國有名的美女，據說游魚見她都會心生羞愧而沉入河底。西施有胸痛的毛病，當她捂住胸口，眉頭輕蹙，看來更加楚楚動人了。

今天我們練習如何走出「美感」。

今天我們練習化妝。

好累呀!

加油!

　　西施順理成章被選入宮中，與其他美女一起參加訓練。勾踐要將這些美人訓練得更加優雅，從而迷惑夫差。西施自知肩負重任，刻苦訓練，從不懈怠。

吳王，這是送給您的財寶!

吳王，這是送給您的美女!

勾踐辦事真可靠!

　　美女們教育訓練得差不多了，勾踐選中西施和鄭旦送往吳國。當吳王夫差看到越國進獻的財寶和美女時，異常高興!

大王，來看我跳舞呀!

西施，我來了!

你哥就是我哥!

勾踐就像我哥哥一樣!

大王，我的老毛病犯了!

西施，西施，我來了!我來了!

　　夫差很喜歡西施和鄭旦，尤其是西施。西施一邊陪夫差飲酒作樂，使其荒廢朝政；一邊在夫差耳邊說盡勾踐的好話，讓夫差更加信任勾踐。

西施擅長跳舞。她跳舞時，腳踩著木屐，發出「噠噠噠」的響聲，為舞蹈增添了別樣的韻律。吳王夫差特意修建了一條木質長廊，作為西施表演的舞台，為此耗費了不少民力和財力。

吳國大臣伍子胥常常勸說吳王夫差，還建議夫差殺掉西施等越女。勾踐聽說後，便花重金收買吳國奸臣，挑撥夫差與伍子胥的關係。夫差對伍子胥越來越不滿，最終下令處死了他。幾年後，正如伍子胥所料，越國滅掉了吳國。

兵強者，攻其將；將智者，伐其情。將弱兵頹，其勢自萎。利用禦寇，順相保也。

這一計謀稱為「美人計」。如敵人兵力強大，應設法打擊將領。如果敵人的將領足智多謀，就要挫敗他的意志。敵軍上下士氣低落，戰鬥力就會喪失殆盡。要充分利用敵人的弱點，扭轉不利局勢。

你猜，你猜，你猜猜猜

《三國演義》中寫道：諸葛亮大開城門，坐在城樓上彈琴。司馬懿疑心重，認為城中定有埋伏，不敢進攻，錯過了攻城的最好時機。在真實的歷史中，使用過「空城計」的人是蜀將趙雲。

據可靠情報，曹操要進攻了！

保證完成任務！

你不動，我也不動！

三國時期，曹操率大軍攻打劉備所在的漢中。劉備命趙雲和黃忠二人駐守漢水。趙雲與黃忠的人馬和曹軍隔水相望，雙方都按兵不動。

好的，不見不散！

你一會兒接應我啊！

黃將軍怎麼還沒回來，去看看怎麼回事。

出發！

這天，黃忠聽說曹軍正往對岸的北山上運輸糧草，於是帶領一支軍隊去打劫曹軍的糧草。趙雲與黃忠約定，在返程途中接應他。約定的時間到了，黃忠卻遲遲沒出現。

趙雲帶兵出了營寨查看黃忠等人的情況，恰巧遇到曹操派出的大軍。勇猛的趙雲一次又一次突擊曹軍，且戰且退。大家狼狽地逃回了營地。

曹軍緊追不放，一直追到了漢軍的營地。趙雲見兵力嚴重不足，硬碰硬根本打不過。於是，下令打開城門等待曹軍。

曹軍來到城下，見城門大開，立即下令停止追擊。四周靜悄悄的，城樓上一個人影都沒有，彷彿一座空城。曹軍認為城中一定有埋伏，便向後撤退。

　　趙雲暗中觀察著曹軍的一舉一動。他見曹軍撤退，便讓蜀軍一邊擂鼓吶喊，一邊快速到城樓上向曹軍射箭。曹軍見狀更堅信城中設有埋伏，跑得更快了！

　　此時，趙雲帶著一支隊伍在曹軍的身後拚命追趕，像是沒有引曹軍入城十分遺憾似的。曹軍嚇得跑回了營地，趙雲和眾將士才鬆了一口氣。

36計事典

　　虛者虛之，疑中生疑；剛柔之際，奇而復奇。

　　這一計謀稱為「空城計」。在敵強我弱的情況下，將我方兵力空虛偽裝成更加空虛的樣子，進而迷惑敵人，是一條出奇制勝的妙計。

我可什麼都沒說

南宋初期，金國時常發動戰爭，南宋朝廷的大臣們分成兩派，一派主張議和，另一派主張抗戰，但主和派的大臣更得寵。

南宋初期，主戰派將軍韓世忠駐守揚州。主和派大臣魏良臣等去金營議和，途經揚州，前來拜訪。韓世忠很不喜歡他們，不僅因為覺得他們人品差，也擔心他們為了討好金軍而泄露揚州的軍情。

交談中，韓世忠認為他們會泄露軍情給金軍，不如給他們一些假消息，說不定能迷惑金軍。於是，韓世忠故意帶隊向東門出發。魏良臣連忙問他們要做什麼。韓世忠說要防守江口。

韓世忠見魏良臣等人離開了揚州，立即帶著隊伍悄悄返回。他命士兵在揚州城內設下了多處埋伏，如果金軍攻來，必將給予其致命打擊。

魏良臣等人來到了金營，果然盡力討好金軍。兩人將韓世忠調去江口的事告訴了金軍大將。金軍大將很高興，將魏良臣等人奉為上賓，熱情地招待了兩人。

不久，金軍進攻揚州。韓世忠見金軍果然上當，便帶領少量兵馬出城迎戰。邊戰邊退，把金軍引入了提前布置好的埋伏圈中。

　　金ㄐㄧㄣ軍ㄐㄩㄣ不ㄅㄨ知ㄓ是ㄕ計ㄐㄧˋ，以ㄧˇ為ㄨㄟˊ宋ㄙㄨㄥˋ軍ㄐㄩㄣ果ㄍㄨㄛˇ然ㄖㄢˊ兵ㄅㄧㄥ力ㄌㄧˋ不ㄅㄨˋ足ㄗㄨˊ，奮ㄈㄣˋ力ㄌㄧˋ追ㄓㄨㄟ擊ㄐㄧˊ。突ㄊㄨˊ然ㄖㄢˊ，四ㄙˋ周ㄓㄡ響ㄒㄧㄤˇ起ㄑㄧˇ了ㄌㄜ此ㄘˇ起ㄑㄧˇ彼ㄅㄧˇ伏ㄈㄨˊ的ㄉㄜ炮ㄆㄠˋ聲ㄕㄥ，金ㄐㄧㄣ軍ㄐㄩㄣ被ㄅㄟˋ四ㄙˋ面ㄇㄧㄢˋ八ㄅㄚ方ㄈㄤ湧ㄩㄥˇ入ㄖㄨˋ的ㄉㄜ宋ㄙㄨㄥˋ軍ㄐㄩㄣ殺ㄕㄚ得ㄉㄜ措ㄘㄨˋ手ㄕㄡˇ不ㄅㄨˋ及ㄐㄧˊ。

　　金ㄐㄧㄣ軍ㄐㄩㄣ慘ㄘㄢˇ敗ㄅㄞˋ，憤ㄈㄣˋ怒ㄋㄨˋ的ㄉㄜ金ㄐㄧㄣ軍ㄐㄩㄣ大ㄉㄚˋ將ㄐㄧㄤˋ將ㄐㄧㄤ送ㄙㄨㄥˋ假ㄐㄧㄚˇ消ㄒㄧㄠ息ㄒㄧˊ的ㄉㄜ魏ㄨㄟˋ良ㄌㄧㄤˊ臣ㄔㄣˊ等ㄉㄥˇ人ㄖㄣˊ囚ㄑㄧㄡˊ禁ㄐㄧㄣˋ了ㄌㄜ起ㄑㄧˇ來ㄌㄞˊ。韓ㄏㄢˊ世ㄕˋ忠ㄓㄨㄥ利ㄌㄧˋ用ㄩㄥˋ主ㄓㄨˇ和ㄏㄜˊ派ㄆㄞˋ的ㄉㄜ投ㄊㄡˊ降ㄒㄧㄤˊ心ㄒㄧㄣ理ㄌㄧˇ，將ㄐㄧㄤ假ㄐㄧㄚˇ情ㄑㄧㄥˊ報ㄅㄠˋ遞ㄉㄧˋ給ㄍㄟˇ金ㄐㄧㄣ軍ㄐㄩㄣ，打ㄉㄚˇ了ㄌㄜ漂ㄆㄧㄠˋ亮ㄌㄧㄤˋ的ㄉㄜ大ㄉㄚˋ勝ㄕㄥˋ仗ㄓㄤˋ。

疑中之疑。比之自內，不自失也。

　　這一計謀稱為「反間計」。在敵人給我方布置的疑陣中再反設一層疑陣，使敵方插在我方的間諜因搞不清真實情況而去傳遞假情報，以達到勝利的目的。

血肉的代價

春秋時期，吳王闔閭取代吳王僚成功奪位。他擔心吳王僚的兒子慶忌會為父報仇，就在大臣伍子胥的建議下，命殺手要離刺殺慶忌。慶忌身在衛國，要離能完成吳王闔閭的任務嗎？

> 你身材矮小，哪有力氣殺人呢？

> 大王，我已經有了萬全之策！

吳×王½闔⁵閭ữ見ṣ要√離ớ身½材╨矮Ⅳ小╩、 其ṇ貌ữ不ỵ揚Ⅴ， 擔ṇ心ṇ他ṭ無Ⅹ法ṭ完Ⅵ成ⅴ重±任ⅮΓ 面ⅴ對ẫ闔⁵閭Ⅴ， 要√離Ⅵ簡Ⅹ要√地ⅱ說ⅹ出×了½刺ṭ殺Γ計Ⅵ畫Ⅹ。

> 我的計畫是犧牲我的身體和家人。

> 只有這樣，慶忌才會信任我！

> 來人，將要離和他的妻子關進大牢！

要√離Ⅵ的½計Ⅵ畫ⅵ十ⓦ分ⅼ殘ṭ忍ⅼ， 他ṭ建Ⅵ議√吳×王½闔⁵閭Ⅴ傷½害Ⅹ他ṭ和ṭ家½人ⅼΓ 以Ⅴ此ṭ博⁵得⁵慶ⓦ忌Ⅵ的½信ⓦ任ⅼΓ 吳×王½闔⁵閭Ⅴ聽±了½非ⅼ常ṭ感½動ⓦΓ 下Ⅴ令Ⅵ將Ⅵ要√離Ⅵ和ṭ他的½妻ṭ子½關Ⅵ進Ⅵ了½監½獄ⅼ。

吳王闔閭命人散布謠言，說是要離批評吳王闔閭，導致吳王大發雷霆，嚴屬處置了要離和他的家人。消息傳播很快，不久就人盡皆知，還傳到了衛國。

要離來到衛國找到慶忌，說明投靠他為妻報仇的決心。

慶忌聽說他的遭遇，便接納了他。要離憑藉出色的能力，很快贏得了慶忌的信任。但慶忌身材高大，武藝高強，且有護衛貼身保護，要離始終沒有找到下手的機會。

要離勸說慶忌討伐吳國。慶忌被他說服，帶兵乘船向吳國駛去。要離又提議慶忌坐在船頭上以便鼓舞士氣。慶忌認為很有道理。就在這時，一陣狂風刮來，船被吹得左搖右晃。

要Tào離Tá當Táng機Tí立Tì斷Tuàn，抓Tuà住Tù這Tè個Tè機Tí會Tuì，將Tiàng矛Táo頭Tó對Tuì準Tun慶Tìng忌Tì的Tè後Tòu背Tèi。慶Tìng忌Tì毫Táo無Tú防Táng備Tèi，當Táng場Táng被Tèi刺Tì死Tí。直Tí到Tào此Tì時Tí，慶Tìng忌Tì才Tái明Tíng白Tái要Tào離Tá接Tiè近Tìn他Tā的Tè原Tuán因Tīn。之Tī前Tián，要Tào離Tá所Tuǒ遭Táo受Tòu的Tè痛Tòng苦Tǔ無Tú非Tēi是Tì要Tào博Tó取Tǔ慶Tìng忌Tì的Tè信Tìn任Tèn。

見Tiàn此Tì變Tiàn故Tù，慶Tìng忌Tì的Tè手Tǒu下Tià立Tì即Tí上Tàng前Tián抓Tuà住Tù要Tào離Tá。慶Tìng忌Tì臨Tín死Tí前Tián說Tuō：「敢Tǎn殺Tà我Tuǒ的Tè也Tě是Tì個Tè勇Tǒng士Tì，再Tài殺Tà了Tè他Tā就Tìù是Tì死Tí了Tè兩Tiǎng個Tè勇Tǒng士Tì。」於Tú是Tì命Tìng手Tǒu下Tià放Tàng了Tè他Tā。要Tào離Tá終Tōng於Tú完Tuán成Tén任Tèn務Tù，但Tàn他Tā並Tìng未Tèi向Tiàng吳Tú王Táng闔Té閭Tú領Tǐng賞Tǎng就Tìù自Tì盡Tìn身Tēn亡Táng了Tè。

人不自害，受害必真；假真真假，間以得行。童蒙之吉，順以巽也。

這一計謀稱為「苦肉計」。人們通常不會傷害自己，這是「苦肉計」得以成功的前提。我方要先造成內部矛盾激化的假象，再派人裝作受到迫害，藉機博取敵人的信任而打入敵人內部，獲取成功。

漂亮的三連擊

《三國演義》中，赤壁之戰是全書十分精彩的戰事。曹操率領大軍向東吳駛去，意圖統一天下。此時，劉備和孫權的兵力遠不及曹操。然而，並不是兵多將廣就能取勝。

曹軍多是北方人，不善水戰。好在從劉表手下歸降的蔡瑁和張允精通水戰，才讓大軍有條不紊地駐紮在江邊。為此周瑜想先除掉蔡瑁和張允。

愛才的曹操得知部下蔣幹與周瑜是同窗，便派蔣幹去勸降周瑜。周瑜心生一計，他先熱情招待了蔣幹。待酒過三巡，周瑜裝作醉酒，硬拉著蔣幹與他同榻而眠。周瑜倒在床上呼呼大睡。

讓我看看有什麼機密！

什麼？蔡瑁和張允的降書！

小聲點，蔡瑁和張允是我們的人！

這兩個叛徒！

將軍，有急事商議！

　　蔣幹根本睡不著，他偷偷起身，企圖搜出一些機密信件。誰知，他居然翻到了蔡瑁和張允的降書。半夜裡，有士兵來找周瑜。蔣幹躲在牆角處偷聽，隱約間聽到了蔡、張兩人的名字，深信這兩人已然叛變。

來人，把這兩個叛徒拖出去斬啦！

冤枉啊！

等一下，別殺！

將軍，已經殺了！

中了周瑜的詭計！

　　蔣幹偷走了降書，急忙趕回曹營。曹操見了火冒三丈，當即誅殺了蔡瑁和張允。曹操越想越不對，過了一會兒，才發現中計了，但後悔也來不及了。

用火攻是上策！

誰來放火呢？

　　少了擅長水戰的兩位將軍，曹操不知道該如何排兵布陣。士兵們不適應船上的生活，暈船嘔吐不止。東吳名將黃蓋作戰經驗豐富，建議周瑜可以使用火攻。可是，怎麼才能讓曹操把船集中到一起呢？誰來放第一把火呢？

此�時ㄕ，黃ㄏㄨㄤˊ蓋ㄍㄞˋ表ㄅㄧㄠˇ示ㄕˋ要ㄧㄠˋ詐ㄓㄚˋ降ㄒㄧㄤˊ去ㄑㄩˋ曹ㄘㄠˊ營ㄧㄥˊ。這ㄓㄜˋ天ㄊㄧㄢ，周ㄓㄡ瑜ㄩˊ在ㄗㄞˋ軍ㄐㄩㄣ中ㄓㄨㄥ議ㄧˋ事ㄕˋ，黃ㄏㄨㄤˊ蓋ㄍㄞˋ公ㄍㄨㄥ然ㄖㄢˊ頂ㄉㄧㄥˇ撞ㄓㄨㄤˋ周ㄓㄡ瑜ㄩˊ，並ㄅㄧㄥˋ主ㄓㄨˇ張ㄓㄤ投ㄊㄡˊ降ㄒㄧㄤˊ。周ㄓㄡ瑜ㄩˊ大ㄉㄚˋ怒ㄋㄨˋ，在ㄗㄞˋ眾ㄓㄨㄥˋ將ㄐㄧㄤˋ士ㄕˋ的ㄉㄜ˙哀ㄞ求ㄑㄧㄡˊ下ㄒㄧㄚˋ，才ㄘㄞˊ免ㄇㄧㄢˇ了ㄌㄜ˙黃ㄏㄨㄤˊ蓋ㄍㄞˋ的ㄉㄜ˙死ㄙˇ刑ㄒㄧㄥˊ，但ㄉㄢˋ還ㄏㄞˊ是ㄕˋ打ㄉㄚˇ了ㄌㄜ˙他ㄊㄚ一ㄧˋ頓ㄉㄨㄣˋ軍ㄐㄩㄣ棍ㄍㄨㄣˋ。事ㄕˋ實ㄕˊ上ㄕㄤˋ，這ㄓㄜˋ是ㄕˋ周ㄓㄡ瑜ㄩˊ與ㄩˇ黃ㄏㄨㄤˊ蓋ㄍㄞˋ演ㄧㄢˇ的ㄉㄜ˙一ㄧˋ齣ㄔㄨ戲ㄒㄧˋ。

當ㄉㄤ晚ㄨㄢˇ，黃ㄏㄨㄤˊ蓋ㄍㄞˋ送ㄙㄨㄥˋ信ㄒㄧㄣˋ給ㄍㄟˇ曹ㄘㄠˊ操ㄘㄠ，表ㄅㄧㄠˇ示ㄕˋ要ㄧㄠˋ投ㄊㄡˊ靠ㄎㄠˋ曹ㄘㄠˊ軍ㄐㄩㄣ。曹ㄘㄠˊ操ㄘㄠ再ㄗㄞˋ次ㄘˋ派ㄆㄞˋ蔣ㄐㄧㄤˇ幹ㄍㄢˋ去ㄑㄩˋ探ㄊㄢˋ聽ㄊㄧㄥ虛ㄒㄩ實ㄕˊ。周ㄓㄡ瑜ㄩˊ安ㄢ排ㄆㄞˊ「臥ㄨㄛˋ龍ㄌㄨㄥˊ、鳳ㄈㄥˋ雛ㄔㄨˊ，兩ㄌㄧㄤˇ人ㄖㄣˊ得ㄉㄜˊ一ㄧ，可ㄎㄜˇ安ㄢ天ㄊㄧㄢ下ㄒㄧㄚˋ」的ㄉㄜ˙鳳ㄈㄥˋ雛ㄔㄨˊ先ㄒㄧㄢ生ㄕㄥ龐ㄆㄤˊ統ㄊㄨㄥˇ與ㄩˇ蔣ㄐㄧㄤˇ幹ㄍㄢˋ偶ㄡˇ遇ㄩˋ。蔣ㄐㄧㄤˇ幹ㄍㄢˋ又ㄧㄡˋ將ㄐㄧㄤ龐ㄆㄤˊ統ㄊㄨㄥˇ引ㄧㄣˇ薦ㄐㄧㄢˋ給ㄍㄟˇ曹ㄘㄠˊ操ㄘㄠ。

龐ㄆㄤˊ統ㄊㄨㄥˇ來ㄌㄞˊ到ㄉㄠˋ曹ㄘㄠˊ營ㄧㄥˊ，建ㄐㄧㄢˋ議ㄧˋ曹ㄘㄠˊ操ㄘㄠ將ㄐㄧㄤ戰ㄓㄢˋ船ㄔㄨㄢˊ用ㄩㄥˋ鐵ㄊㄧㄝˇ鏈ㄌㄧㄢˋ連ㄌㄧㄢˊ在ㄗㄞˋ一ㄧˋ起ㄑㄧˇ，這ㄓㄜˋ樣ㄧㄤˋ，將ㄐㄧㄤ士ㄕˋ們ㄇㄣ˙就ㄐㄧㄡˋ不ㄅㄨˊ會ㄏㄨㄟˋ暈ㄩㄣ船ㄔㄨㄢˊ了ㄌㄜ˙。曹ㄘㄠˊ操ㄘㄠ一ㄧˋ聽ㄊㄧㄥ，覺ㄐㄩㄝˊ得ㄉㄜˊ是ㄕˋ個ㄍㄜˋ好ㄏㄠˇ主ㄓㄨˇ意ㄧˋ。

曹操命人送信給黃蓋，歡迎他來到曹營。

這天，黃蓋領著幾十艘小船駛向曹營「投降」。黃蓋的船上裝滿了油和木柴等。快接近曹操的船隊時，黃蓋點燃了小船。

大火藉著風勢直撲向曹營。被鐵鏈拴在一起的船一個接一個地著火了。曹軍為躲避火勢，不得不跳下水去，不會水的士兵紛紛被淹死。

這時，周瑜率艦隊衝了上來，直接殺入曹營。曹操至此一敗塗地，只能倉皇而逃。

36計事典

將多兵眾，不可以敵，使其自累，以殺其勢。在師中吉，承天寵也。

這一計謀稱為「連環計」。當敵人兵力強大時，不要硬拚，應運用計謀牽制敵人，藉以削弱他們的力量。「連環計」要小心使用，一旦其中的一環出錯，就會導致整個計策的失敗，即「一著不慎，滿盤皆輸」。

最美的背影

勢單力薄、走投無路的劉備曾經投靠到曹操麾下。與此同時，曹操一直防備著劉備，劉備要如何脫身呢？

你們都要聽曹丞相的！

是！

不離開徐州就對你不客氣了！

東漢末年，漢獻帝被曹操迎於許都，曹操成為東漢王朝的實際掌權者。被呂布擊敗的劉備走投無路，不得已投奔了曹操。

封你為許都左將軍，我待你不薄吧！

你們好好監視他，上廁所都不能放過！

一點頭

上個廁所也要看著？不臭嗎？

曹操收留了劉備，還封劉備為左將軍。事實上，曹操並不信任劉備，他的官當得有名無實。不僅如此，曹操還派人監視劉備。

此時的劉備恨不得插上翅膀逃離許都，但曹操一定不會允許。為了讓曹操放鬆警戒，劉備表現得毫無鬥志，每天不是種地就是逛街。果然，沒多久，曹操對劉備少了警戒心。

劉備知道曹操想除掉袁術，便主動請纓帶兵討伐。曹操對劉備不放心，沒有立即應允。

　　劉備知道這是一個千載難逢的好機會，於是進宮面見漢獻帝。劉備是漢朝宗室之後，按輩分論是漢獻帝的叔叔。漢獻帝答應了劉備要帶兵出征的請求。曹操也沒反對。

　　劉備連夜收拾好行李，帶著漢獻帝和曹操給他的將印和公函，快馬加鞭地離開了許都。曹操的軍師郭嘉聽說後，勸曹操立刻追趕。曹操派手下許褚前去攔截。

　　劉_カ備_か早_か就_カ料_カ到_か曹_か操_か有_カ可_き能_か變_か卦_か。 所_か以_カ， 他_か日_カ夜_せ兼_カ程_か， 許_カ褚_か並_か未_か追_か上_か他_か。

　　正_か如_カ郭_か嘉_カ所_か料_ぬ， 劉_カ備_か一_ー去_か不_か回_か， 如_カ同_か籠_か中_か的_か鳥_か兒_ル重_か返_か山_か林_か， 魚_か網_か中_か的_か魚_か兒_ル回_か到_か大_か海_か一_ー樣_か， 擺_か脫_か了_か曹_か操_か的_か控_か制_か。 後_か來_か， 他_か一_ー步_か步_か建_か立_か了_か蜀_か國_か。

36計事典

　　全師避敵。左次無咎，未失常也。
　　這一計謀稱為「走為上策」。當敵人勢頭正猛時，全軍退卻、避讓強敵是以退為進的手段，並不違背用兵法則。

Y Young

不再逃跑，趣讀三十六計

Y002

作　　　　者	劉鶴
封 面 設 計	FE 設計
內 頁 排 版	簡單瑛設
責 任 編 輯	鍾宜君

出　　　　版｜晴好出版事業有限公司
總　編　輯｜黃文慧
副 總 編 輯｜鍾宜君
行 銷 企 畫｜胡雯琳
地　　　　址｜104027 台北市中山區中山北路三段 36 巷 10 號 4 樓
網　　　　址｜https://www.facebook.com/QinghaoBook
電 子 信 箱｜Qinghaobook@gmail.com
電　　　　話｜（02）2516-6892　　　傳　　　真｜（02）2516-6891

發　　　　行｜遠足文化事業股份有限公司（讀書共和國出版集團）
地　　　　址｜231 新北市新店區民權路 108-2 號 9F
電　　　　話｜（02）2218-1417　　　傳　　　真｜（02）22218-1142
電 子 信 箱｜service@bookrep.com.tw
郵 政 帳 號｜19504465（戶名：遠足文化事業股份有限公司）
客 服 電 話｜0800-221-029　　　團 體 訂 購｜02-22181717 分機 1124
網　　　　址｜www.bookrep.com.tw
法 律 顧 問｜華洋法律事務所／蘇文生律師
印　　　　製｜凱林印刷
初 版 7 刷｜2024 年 8 月
定　　　　價｜350 元
I S B N｜978-626-97357-2-3（紙本）
E I S B N｜978-626-97511-6-7（PDF）
　　　　　｜978-626-97511-7-4（EPUB）

國家圖書館出版品預行編目 (CIP) 資料

不再逃跑，趣讀三十六計 / 劉鶴著 . -- 初版 . -- 臺北市：晴好出版事業
有限公司出版；新北市：遠足文化事業股份有限公司發行 , 2023.08
面；　公分
128 面；17×23 公分
ISBN 978-626-97357-2-3（平裝）
1.CST: 兵法　2.CST: 謀略　3.CST: 漫畫
592.09　　　　　　　　　　　　　112006407